21世纪城市灯光环境规划设计丛书

城市道路桥梁灯光环境设计

程宗玉　编著

中国建筑工业出版社

《21世纪城市灯光环境规划设计》丛书编委会

策 划 单 位：名家汇城市照明规划研究所
　　　　　　中国建筑工业出版社

策　　　　划：王雁宾　程宗玉
编委会主任：程宗玉
副　主　任：吴蒙友
丛书　主编：吴蒙友

《城市道路桥梁灯光环境设计》

编　　　　著：程宗玉
美　术　编　辑：谢灵巧　王亚伟
责　任　编　辑：李晓陶　马　彦

前 言

全国经济的持续走高，带动了灯光产业的快速发展；城市经济的日益壮大，使得灯光环境规划设计成为城市建设的重要组成部分。目前无论灯光环境规划设计理念还是灯光设备都发生了很大变化。新的设计思想结合灯光特性、艺术性和文化品位特色，强调以人为本的人性化设计，以满足城市人们希望夜生活所能达到的环境优美、光亮感和色彩感适宜、空间层次感舒适、城市立体感丰富等多个层面的要求。光源科学的发展，光照艺术的魅力，推动着城市建设的进步，其表现形式，被称作城市"第二轮廓线"，城市建设的"四维空间"。它的发展同时也拉动了城市经济。照明新理念的发展，改变了城市灯光环境的面貌。高新技术产品的不断涌现，使城市灯光环境呈现出美好的发展前景。这是我们编辑《21世纪城市灯光环境规划设计》丛书的动力。夜晚的城市为夜空间环境提供所需的必备机能，如娱乐、休闲、聚会、庆典、商业、交通等，并通过各种高科技演光手段对城市夜间景观环境进行二次审美创造，为城市人们夜生活提供必要、舒适的人工光照环境。

城市灯光环境离不开光源的开发和灯具设计形式及技术的发展，光源与灯具设计除去其光亮、色彩给城市带来的美感之外，灯具本身的形象和特色也为美化城市增添优雅的笔触。

建筑室内外以及道路、桥梁、公园、广场装饰的用光、用色技巧，光与色对人体的反映，光色的艺术表现方法，城市建设和各种环境装饰用光、用色的案例分析、优秀作品展示、国内外先进案例介绍等等，是本套丛书所涉及的范围。本丛书共分五册，包括有《城市广场灯光环境规划设计》、《城市道路桥梁灯光环境设计》、《商业街灯光环境规划设计》、《城市园林灯光环境设计》、《室内空间灯光环境设计》等。丛书从案例解剖、设计分析入手，系统详尽地介绍了环境灯光规划设计、艺术效果以及灯具款式的选用，电路系统的安装控制等。言简意赅，案例翔实，图文并茂，道理通俗易懂，且集全面性、专业性、实用性于一体。

限于编者的水平，丛书可能会出现这样或那样的错误，许多方面或深度不及或广度不够，这也是在所难免的。敬请有关专家和广大读者提出宝贵意见，以使丛书臻于完善，使读者于丛书中能得到裨益。

编 者

2005 年 6 月

Contents

目录

第一篇 城市道路和桥梁照明设计的要素构成 1

第1章 道路与桥梁照明的目的、作用及其技术指标 1
1.1 照明目的和作用 1
1.2 功能性照明 1
1.3 装饰照明 3
1.4 桥梁照明 3

第2章 道路与桥梁照明的基础 4
2.1 道路和桥梁照明的光源选择 4
2.2 照明标准 7
2.3 照明计算 10
2.4 人行横道照明 10
2.5 光色及其彩色光的应用 11
2.6 照明美学 17

第二篇 道路桥梁功能性与装饰性照明方式 19

第3章 照明的布灯方式 19
3.1 常规道路照明布灯基本形式 19
3.2 高杆照明方式 20
3.3 栏杆照明方式 20
3.4 特殊道路的照明方式 20
3.5 桥梁的照明 22
3.6 机场、铁路和水路附近的道路照明 22
3.7 道路广场照明 22
3.8 居住区和步行区的道路照明 22
3.9 隧道照明 23

第4章 桥梁的景观装饰照明 26
4.1 桥梁景观照明设计原则 26
4.2 桥梁照明设计要点 27

4.3 桥梁夜景照明的目的、表现手法和内容 28
4.4 光污染和光入侵的控制 29
4.5 道路立交桥的夜景照明 29

第三篇 城市道路和桥梁灯光环境设计方案与举例 31

第5章 照明设计文件 31
5.1 设计依据与原则 31
5.2 方案设计 32
5.3 扩初设计 32

第6章 道路桥梁灯光环境设计举例 33
6.1 珠海市迎宾南路灯光工程设计 33
6.2 宜昌市中心城区六条道路夜景照明规划设计 35
6.3 深圳市布沙路灯光设计 39
6.4 黄山市五座大桥环境灯光设计 39
6.5 常德市沅水大桥照明设计 40
6.6 天津王顶堤立交桥灯光环境设计 42

第四篇 道路照明器的选择配置及设计应用 48

第7章 道路照明器的种类及应用 48
7.1 道路照明器的主要性能和指标 48
7.2 照明器的光度分类 49

第8章 道路和桥梁灯具应用 50
8.1 灯具的选择 50
8.2 高杆照明 52

第9章 道路桥梁适用灯具及其技术参数 54
9.1 灯具的作用 54
9.2 适用灯具及其技术参数 54

第五篇　照明灯具、配电系统安装，线路敷设及环境工程管理 … 63

第10章　绝缘导线、电缆的选择与敷设 … 63
10.1　绝缘导线、电缆的选择 … 63
10.2　绝缘导线、电缆的敷设 … 63

第11章　照明灯具及设备安装 … 65
11.1　照明灯具的安装 … 65
11.2　灯具安装高度、安装间距、悬臂长度和仰角 … 65
11.3　配电系统的安装 … 65
11.4　电气设备的安全设计 … 66

第12章　照明控制与节能 … 67
12.1　照明控制的意义 … 67
12.2　灯光控制 … 67
12.3　控制系统应用设计 … 69
12.4　节能措施 … 70
12.5　推行绿色照明工程 … 70
12.6　环境保护 … 71

第六篇　城市道路桥梁照明实例 … 72

第13章　城市道路桥梁照明景观集锦 … 72

主要参考文献 … 115

第一篇　城市道路和桥梁照明设计的要素构成

第1章　道路与桥梁照明的目的、作用及其技术指标

1.1　照明目的和作用

1.1.1　照明的目的

城市道路和桥梁照明的主要目的是为了使各种机动车辆的驾驶者在夜间行驶时能辨认出道路上的各种情况，以保证行车安全。同时也为行人提供夜间行走的光环境。夜间，要使车辆在道路和桥梁上始终行驶安全，就必须具备良好的视觉条件，要有视觉舒适感。也就是说，应满足"视功能"和"视舒适"两项指标。

1.1.2　照明的作用

优良的道路和桥梁照明设施为夜间车辆安全、迅速和舒适地行驶提供了良好的视觉条件。保障了车辆和行人安全；提高了交通运输效率；方便了人们的生活，防止犯罪活动确保人身与财产的安全；有利于城市夜间形象的改善，达到了美化城市环境的效果。

1.2　功能性照明

视功能和视舒适包含了平均亮度、照明均匀度、眩光和视觉诱导性这几项照明功能指标。

1.2.1　平均亮度

人能否看清道路及路面的物体主要取决于光照给物体反射的光线。反射光线多，视感觉则强。亮的程度取决于表面亮度，即每一单位亮区辐射出光量总数以及相对人视觉方向的立体角，即

$$L=Eg \tag{1-1}$$

式中　E——亮度；

　　　g——亮度系数。

道路和桥梁照明一般是处在相当低的照度水平上，颜色视觉很差，因此不能靠颜色识别物体和它的背景，而主要靠亮度差异。一个物体只有在获得一定亮度对比时才能看见。亮度对比 C 被定义为

$$C=\left|\frac{L_0-L_b}{L_b}\right| \tag{1-2}$$

式中　L_0——物体本身亮度；

　　　L_b——背景亮度。

当 $L_0 < L_b$ 时，物体为一个暗影，这种对比称为负对比；当 $L_0 > L_b$ 时则为正对比。在道路和桥梁照明中主要用的是负对比。

路与桥面亮度是影响人们能否看见障碍物的最重要因素。照明的功能性作用就是以把路与桥面照亮到足以使驾驶者看清障碍物轮廓为原则。周围环境的亮与暗对道路的影响也应高度重视。地处商业闹市区的道路平均亮度要比市郊昏暗环境下的亮度高。与道路相邻的地方应比较亮。行人通常会在这些地方出现。为了使驾驶者更容易看到横穿道路的行人，人行道的平均照度应不低于同宽度邻近车道的50%。

1.2.2　照明均匀度

路与桥面不仅要有良好的平均亮度，而且要保证最低的亮度。路面总亮度均匀度 U_0 定义为路面最小亮度与平均亮度之比，即：

$$U_0 = L_{min} / L_{av} \tag{1-3}$$

其另一均匀度指标为纵向均匀度 U_1，它定义为在通过观察者位置的平行于道路轴线的路线上，最小路面亮度与最大路面亮度之比。即：

$$U_1 = L_{min} / L_{max} \tag{1-4}$$

U_1 对视舒适影响极大。如果这个亮度不均匀，路面上将连续反复地出现一系列亮与暗的横带，这种现象被称为"斑马效应"。驾驶者对这种现象极为反感。一般情况下，U_1 取最小值为 0.7 左右，它能保证足够的视舒适水平。而对次要路面的 U_1 值则可以取 0.5 左右。

均匀度 U_1 与路面平均亮度和灯的间距有关。增加路面亮度和缩小灯的间距，会使纵向均匀度 U_1 提高，反之则会下降。路灯间距一般设在 25～50m 之间为宜。

1.2.3 眩光

在视场中物体形象通过眼睛聚焦在视网膜上，视感觉由物体形象的亮度而定。与此同时，另一眩光源射来光线在眼睛内散射。这部分光线非聚焦地散落在被聚焦物体形象上，好似在视场上蒙上一层明亮的帷幕，这种亮度称为等效光幕亮度，它与散射光的角度成比例。视觉强度取决于物体亮度与光幕亮度的总和。

1.2.4 视觉诱导性

诱导性反映道路使用者观察前面景象时的综合效果。诱导性好，说明道路使用者能容易地看到和正确地理解前面道路的走向，并且能指出所处车道边界和这一车道或道路的交叉点。诱导性也是为保证视可靠性达到一定水平而考虑的。

视觉诱导性是依靠道路、交通标识、防碰撞栏杆和照明设施实现的。另一方面，驾驶员也可以通过灯的布置看清道路的变化。照明设施诱导性有下列几种做法。

（1）利用照明系统本身

这是一种常用的方法，即利用照明本身的变化改善方位诱导性。如道路复杂会合处，采用高杆照明给驾驶员以明显的信号；次要会合处，其干路用链式照明系统，支路用常规照明灯具。一般来讲，链式照明诱导性非常好，与常规照明方式对比更加清晰可见。

（2）利用颜色标志

采用光源颜色的差别是一种非常有效的方法。如果采用不同颜色的光源分别代表不同方向的道路，如干道采用黄色低压钠灯，支路用青白色光高压汞灯，则很远就清晰可辨。

（3）利用灯具的式样和安装高度的变化

利用不同式样的灯具或不同的安装高度以造成照明系统的差别。如在道路会合区通向高速公路停车场的支路采用不同灯具和不同安装高度。

（4）利用灯具布置的差别

在路灯交会点，不应使驾驶员将灯杆和光点搞混，如照明由中心对称布置变成双侧对称布置，使驾驶员把这种布局当成一种信号，通知他正在接近危险的十字路口。

1.2.5 障碍照明

障碍照明主要指对桥梁需设置的航标照明和航空障碍灯等。

（1）航空障碍灯

在跨水桥的最高部位如主塔顶部及其高空突出部位应设置航空障碍灯，它应符合我国民航有关高空障碍照明的规定和技术标准。

（2）航标照明

在跨水桥桥墩部位应进行航标照明，避免过往船只发生航行危险以符合有关航标照明的规定和标准。

1.3 装饰照明

装饰照明主要指道路护拦和立交桥及跨水桥桥墩（或桥头堡）、缆索、梁体、桥墩等部位的照明。

装饰照明必须遵循以下基本原则：

（1）道路和桥梁整体装饰照明的亮度值应由路桥附近建筑物的亮度水平所决定。道路和桥梁整体照明亮度的最大比值宜采用以下比例：

1）与环境融合　2∶1

2）轻微强调　　3∶1

3）强调　　　　5∶1

4）重点强调　　10∶1

（2）道路和桥梁的装饰照明应确保在任何方向对各种交通运载工具的驾驶人员都不造成有害眩光，也不对各种信号灯的识别造成干扰。

1.4 桥梁照明

（1）对桥梁的灯塔、桥墩等宜进行泛光照明，以达到有效的艺术效果。索塔泛光照明则应自下而上亮度逐渐减小且呈平稳过渡，变化过程中无明显亮（或暗）斑。亮度的变化梯度宜为每10m递减或递增 $2cd/m^2$，最大与最小的亮度比值不宜超过 20∶1。桥墩泛光照明应具有一定的均匀度，最小亮度（或明度）值与最大平均亮度（或明度）值之比大于0.4。

（2）对桥梁的局部进行勾勒照明或重点照明，对梁体、护拦和缆索宜进行泛光照明或轮廓勾勒照明而对雕塑或有特色构筑物宜进行重点照明。

第2章 道路与桥梁照明的基础

2.1 道路和桥梁照明的光源选择

光源的光谱组成决定光的颜色和显色性。显色性是公共装饰照明所必须考虑的因素。光谱对视功能及视舒适有不容忽视的影响。光源的光色有助于改善视觉的诱导性。实验表明，与复合光谱或连续光谱相比，单色光谱射在眼内聚焦更加明显。

视功能评价用视觉灵敏度、感知速度和恢复时间衡量。

（1）视觉灵敏度，用低压钠灯照明时视觉灵敏度优于高压钠灯和高压汞灯照明。要达到同样视功能水平，高压汞灯提供的背景亮度至少比用低压钠灯要高50%。高压钠灯提供的背景亮度至少比用低压钠灯要高25%。

（2）感知速度，指能够看到一个物体所需要的时间，也称为显露时间。如果保持一定感知速度，用高压汞灯照明提供的背景亮度要比低压钠灯照明下的背景亮度高1.5倍。

（3）恢复时间，驾驶员在经受了眩光的刺激后返回正常视功能所需要的时间称为恢复时间。一般情况下，用低压钠灯比用高压汞灯恢复时间少20%。

在进行经济比较以后，除显色性有要求的场所外，采用低压钠灯是最经济的。在有显色性要求的地方，从节约的观点看，高压钠灯最为理想，高压汞灯是不可取的。

2.1.1 光源选择与适用场所

（1）快速路和市郊道路可选用低压钠灯或高压钠灯。

（2）主干道与次干道宜采用高压钠灯。

（3）支路及居民区道路应用小功率高压钠灯或高压汞灯。

（4）城市中心或商业中心等对颜色识别要求高的街道可采用金属卤化物灯等。

（5）路与桥面照明应采用高光效气体放电灯，不应采用白炽灯。

（6）多雾地区，应选用透雾性能好的光源作为功能性照明。

（7）从道路和桥梁整体性照明来看，其照明应与整体装饰性照明协调，可选用适当色温和显色性的金属卤化物灯或高压钠灯。

2.1.2 装饰性照明光源

（1）LED光源

LED光源在图像处理分析、检测等方面有着前所未有的便利，其独特的性质使图像的处理变得简单化。其特点是散热效果好，光亮度稳定性好，寿命长，可达10000~30000h。波长可以根据用途选择，制作方便，可制成各种形状和尺寸满足需求。可凭工件的形状和大小做成各种照射角度，依需要显示各种颜色。反应快捷，不但可以随时调整亮度，同时可在10微秒或更短的时间内达到最大的亮度。电源带有外触发器，通过计算机控制，可以用作频闪灯，运行成本低，耗电少。它所采用的光源，可以按照预定要求，在色彩、亮度和灯光因素配置上产生变化。

"亮"，即灯光色彩亮丽动人；"跳"，其灯光让人感觉"耳目一新"；"省"，就是省电，也就是灯光光源的长期使用能源成本；"长"亦即使用寿命和维修更换的频率。

50年前人们已经了解半导体材料可产生光线的基本知识，第一个商用二极管产生于1960年。LED是英文 light emitting diode（发光二极管）的缩写，它的基本结构是一块电致发光的半导体材料，置于一个有引线的架子上，然后四周用环氧树脂密封，起到保护内部芯线的作用，所以LED的抗振性能好。到今天，其发光效率达到每瓦15lm，光

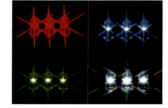

图2-1 LED光源

强达到烛光级，辐射颜色形成包括白色光的多元化色彩，寿命达数万小时，不但成为光学光电子新兴产业中极具影响的新产品，而且在显示技术及照明领域中占有特殊的举足轻重的位置。特别是近年来，LED光源被广泛用于照明器具，并从室内迅速向室外发展，而且已从一般的装饰灯迅速向草坪灯、埋地灯、水底灯、嵌墙灯、射灯、护栏灯等多种灯具繁衍。

1）LED光源的原理

发光二极管的核心部分是由p型半导体和n型半导体组成的晶片，在p型半导体和n型半导体之间有一个过渡层，称为pn结。在某些半导体材料的pn结中，注入的少数载流子与多数载流子复合时会把多余的能量以光的形式释放出来，从而把电能直接转换为光能。pn结加反向电压，少数载流子难以注入，故不发光。这种利用注入式电

图2-2 LED光源产品

致发光原理制作的二极管叫发光二极管，通称LED。当它处于正向工作状态时（即两端加上正向电压），电流从LED阳极流向阴极时，半导体晶体就发出从紫外到红外不同颜色的光线，光的强弱与电流有关。在半导体pn结处流过正向电流时，能以高的转换效率辐射出200～1550nm范围包括紫外、红外和可见光谱，从而形成一个实用的发光元件。目前可见光（380～780nm）的LED产量以90%的优势占主导地位。LED以体积小（最小仅几毫米）、寿命长（几万小时）、功耗低（mW）、可靠性高、响应速度快（ns级）、易与集成电路配用、可在低电位（几伏电压）下工作及容易实现固体化，以及辐射光谱丰富、光效和亮度高等优点，在照明和显示领域引起人们的极大兴趣和重视。

2）LED光源的特点

电压：LED使用低压电源，供电电压在6～24V之间，根据产品不同而异，所以它是一个比使用高压电源更安全的电源，特别适用于公共场所。

效能：消耗能量较同光效的白炽灯减少80%。

适用性：体积很小，每个单元LED小片是3～5mm的正方形，所以可以制备成各种形状的器件，并且适合于易变的环境。

稳定性：10万小时，光衰为初始的50%。

响应时间：其白炽灯的响应时间为毫秒级，LED灯的响应时间为纳秒级。

对环境污染：无有害金属汞。

颜色：改变电流可以变色，发光二极管方便地通过化学修饰方法，调整材料的能带结构和带隙，实现红黄绿蓝橙多色发光。如小电流时为红色的LED，随着电流的增加，可以依次变为橙色、黄色，最后为绿色。

价格：LED的价格比较昂贵，较之于白炽灯，几只LED的价格就可以与一只白炽灯的价格相当，而通常每组信号灯需由300～500只发光二极管构成。

（2）冷极管

冷极管是一种新型的装饰照明光源，其应用广泛，与普通的霓虹灯相比具有许多突出的优点。光效高、亮度高、光输出达到2000lm/m，颜色更纯更高，管径更粗，

图2-3 冷极管

有 8、10、12、15、20、25mm 等，最粗可达到 30mm，15mm 以上多用于轮廓照明。易于成形，管与管之间间距很小，点亮后没有阴影，寿命长达 20000h 以上。

（3）微波硫灯

微波硫灯是 21 世纪的新型光源。微波硫灯是用 2450MHz 微波能量来激发一个比乒乓球略小的石英泡壳内主要为硫的发光物质，使其形成轴射而产生可见光的一种高效、节能光源。其应用范围广泛，光效大于 80lm/W，色温为 5800~7000K，寿命达 20000h（磁控管可调换），可任意燃点。

（4）光纤

光纤作为一种特殊的传导光能的形式，近年来被广泛应用。它具有其他照明方式不可替代的优势。在室内可以避免紫外线对物品的损伤。在室外可以十分安全地用在高湿度、高温度场所，甚至水下或水池边等地区。其光亮、光色、光效俱佳，具安全、节能、使用寿命长等特点。

1）光纤照明的原理

光纤照明系统是由光源、反光镜、滤色片及光纤组成。

当光源通过反光镜后，形成一束近似平行光。由于滤色片的作用，又将该光束变成彩色光。当光束进入光纤后，彩色光就随着光纤的路径送到预定的地方。

由于光在途中的损耗，所以光源一般都很强。常用光源为 150~250W 左右。而且为了获得近似平行光束，发光点应尽量小，近似于点光源。

反光镜是能否获得近似平行光束的重要因素，所以一般采用非球面反光镜。

滤色片是改变光束颜色的零件。根据需要，用调换不同颜色的滤光片就获得了相应的彩色光源。

光纤是光纤照明系统中的主体，光纤的作用是将光传送或发射到预定地方。光纤分为端发光和体发光两种。前者就是光束传到端点后，通过尾灯进行照明，而后者本身就是发光体，形成一根柔性光柱。

对光纤材料而论，必须是在可见光范围内，对光能量应损耗最小，以确保照明质量。但实际上不可能没有损耗，所以光纤传送距离约 30m 左右为最佳。

光纤有单股、多股和网状三种。对单股光纤来说，它的直径为 6~20mm，同时又可分为体发光和端发光两种，而对多股光纤来说，均为端发光。多股光纤的直径一般为 0.5~3mm，而股数常见为几根

图 2-4　微波硫灯

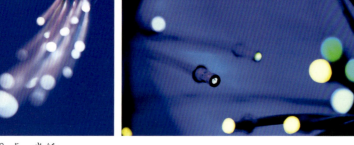

图 2-5　光纤

至上百根。

网状光纤均为细直径的体发光光纤组成，可以组成柔性光带。

从理论上讲，光线是直线传播的，但在实际应用中，人们都希望改变光线的传播方向。经过科学家数百年不懈的努力，利用透镜和反光镜等光学元件来无限次的改变传播方向，而光纤照明的出现，正是建立在有限次的改变光线传播方向，实现了光的柔性传播。正如圆弧经无数次的分割后成直线一样，光纤照明正是以无限次反射后，光线就随光纤的路径传送，实现了柔性传播。但是光纤照明的柔性传播，并没有改变光线直线传播的经典理论。

在照明技术中，光纤照明是一枝独秀的照明新技术。由于它具有光的柔性传输，安全可靠，所以广泛地应用于工业、科研、医学及景观设计中，并在装饰照明中已形成自己独有的特色。

2）光纤照明的特点

光纤照明具有以下显著的特点：

① 光线柔性传播：从理论上讲，光线是直线传播的。然而因实际应用的多元性，总希望能方便地改变光的传播方向。光纤照明正是满足了这一要求。这是光纤照明的特点之一。

② 光与电分离：在传统照明中，都是由光源将电能转换成光能直接得到的，光与电是分不开的。但电有一定的危险性，所以很多场合都希望光与电分开，排除各种隐患，确保照明的安全性。所以光与电的分离是光纤照明的特点之二。

③ 其特点还表现在以下几个方面：

- 单个光源可具备多个发光特性相同的发光点；
- 光源易更换，也易于维修；
- 发光器可以放置在非专业人员难以接触的位置，因此具有防破坏性；
- 无紫外线、红外线光，通过"干净"的光束达到精致的照明效果，可减少对人或对某些物品的损坏；
- 发光点小型化，重量轻，易更换、安装，可以制成很小尺寸，放置在透光器皿或其他小物体内发光，形成特殊的装饰照明效果；
- 无电磁干扰，可被应用在核磁共振室、雷达控制室等有电磁屏蔽要求的特殊场所之内；
- 无电火花，无电击危险，广泛应用于喷泉水池、广场地板等潮湿多水的场所；
- 可自动变换光色，具有新颖性和创新性；
- 可重复使用，节省投资；
- 柔软易折不易碎，易被加工成各种不同的图案；系统发热低于一般照明系统，可降低空调系统的电能消耗。

(5) 稀土节能灯

当今世界上流行使用的新型电光源大都与稀土有关，其中使用最多的电光源是稀土三基色荧光灯。所说的三基色是指红、绿、蓝三种基本色光，经过混色组合后，可以获得照明用的白色光。稀土三基色荧光灯所使用的红、绿、蓝三种荧光粉，都是以稀土元素作为主要成分。稀土三基色荧光粉是世界各国用来生产高效节能灯的主要原材料。真正的稀土三基色节能灯与普通的白炽灯相比节电率高达80%，而且可以获得与日光相近的色温，使得被照明物体颜色纯正不失真，其生产过程不污染环境。

目前常用的稀土三基色节能灯的外形以紧凑型为主，按灯管造型分为单U、双U、三U、单H、双H等多种类型，也有做成细管型。稀土三基色节能灯不但高效节能，而且使用寿命也比白炽灯高5~8倍。稀土三基色节能灯是世界各国大力提倡和推广的新型电光源，在欧美和日本等国已经用稀土三基色荧光灯取代了白炽灯。

2.2 照明标准

前面我们提到了平均亮度，亮度均匀度、眩光限制和视觉诱导性四项光照功能指标。但我国目前完全采用亮度标准有很大困难。因此给出

我国道路照明标准（CJ45-91） 表2-1

级别	道路类型	亮度		照度		眩光限制	诱导性
		平均亮度 (cd/m²)	均亮度	平均照度 (lx)	均照度		
I	快速路	1.5	0.4	20	0.4	严禁采用非截光型灯具	很好
II	主干道及迎宾路、通向政府机关和大型公共建筑的主要道路、市中心或商业中心的道路，大型交通枢纽	1.0	0.35	15	0.35	严禁采用非截光型灯具	很好
III	次干道	0.5	0.35	8	0.35	不得采用非截光型灯具	好
IV	支路	0.3	0.3	5	0.3	不宜采用非截光型灯具	好
V	主要供行人和非机动车道通行的居住区道路和人行道	—	—	1-2	—	采用灯具不受限制	

注：①表中所列的平均照度仅适用于沥青路面。若为水泥路面，其平均照度值可相应降低20%～30%。
②表中各项数值仅适用于干燥路面。

了亮度和照度两套标准。目前CIE规定了亮度总平均度和纵向均匀度及眩光指标。我国完全执行也有困难，因此只规定了总均匀度，其他指标可以灵活掌握。

2.2.1 我国道路照明标准

我国按CIE标准和TI值限制有困难，因此按截光型灯具的规定限制。采用截光型和半截光型灯具，对G和TI均能满足要求。

对上述标准还应作以下说明：

（1）两套亮度照度标准不存在一一对应关系，如亮度均匀度0.4并不一定照度均匀度就是0.4；

（2）标准只规定了居住区道路的照度值，因为使用者主要是行人，行人的视觉与驾驶员的视觉不同，采用亮度指标意义不大；

（3）标准中只给出总均匀度，未给出纵向均匀度，因为它比纵向均匀度更重要；

（4）路面亮度水平与灯具配光种类、路面材料、表面磨损程度有关，CIE将路面材料规定为四类，而我国分为沥青路面和混凝土路面，因此在表2-1中的标准只规定了沥青路面，混凝土路面可比沥青路面低20%～30%；

（5）城市道路把机动车道和非机动车道分开，作为三幅路、四幅路，因此非机动车道上的照明标准应降低。一般可取为机动车道照度的1/2；

（6）由于中小城市道路上车辆速度、流量都不及大城市，因此可比大城市道路照明下降一级，但重点旅游城市不应降低。

2.2.2 CIE道路照明推荐标准

此前，CIE已提出过两个版本的道路照明推荐标准，即1965年版《公共道路照明的国际建议》和1977年版《机动交通道路照明的建议》。本节仅以CIE《机动交通道路照明的建议》作具体分析，以提供照明设计工作者参考。

CIE《机动交通道路照明的建议》是在第一版本《公共道路照明的国际建议》基础上修改而成，目的是制定指导公共道路照明的基本原理而必须装设的固定照明装置的光学特性，如路面亮度，眩光限制和光学诱导性等。同时提供了道路照明的评价指标以及各类道路的推荐标准值。见表2-2和表2-3。

值得说明的是，CIE《机动交通道路照明的建议》中对道路周围的环境照明提出了要求，即"对大部分道路和所采用的大部分灯具光分布

CIE 推荐标准值（1977）　　表 2-2

道路类别	环境	亮度水平[1] 维持路面平均亮度 L_{av}（cd/m²）	亮度均匀度 总均匀度 U_0	亮度均匀度 纵向均匀度 U_L	眩光限制 眩光控制等级 G	眩光限制 阈值增量 TI（%）
A	任意	2	0.4	0.7	6	10[2]
B$_2^1$	亮 暗	2 1	0.4	0.7	5 6	10 20[2]
C$_2^1$	亮 暗	2 1	0.4	0.5	5 6	20[2] 10
D	亮	2	0.4	0.5	4	20
E$_2^1$	亮 暗	1 0.5	0.4 0.4	0.5	4 5	20 20[2]

注：[1] 所推荐的亮度水平是路面平均亮度的维持值，为了维持这一水平要考虑衰减系数，其最大值为 0.8。它取决于灯具的类型和当地空气污浊程度。
　　[2] 关于 TI 概念的使用，从目前比较有限的经验来看，偏向于不要超过本表中所列数值的 2/3 左右。

CIE 道路分类（1977）　　表 2-3

道路类别	交通密度和类型[1]	道路类型	例　子
A	大量和高速的汽车交通	具备单行道、完全畅通无阻的平面交叉、完整的入口控制道路	快速公路、高速公路
B	大量和高速的汽车交通	仅供汽车行驶的重要道路，快慢车道、人行道尽可能分开	干道、重要道路
C	大量和中速[2]汽车交通或大量中速混合交通	重要的、多用途的郊区或城区道路	环路、放射型道路等
D	主要是慢车或行人的相当繁忙的混合交通	市中心或商业中心的道路，通向大型建筑物和行政区域的道路，这些地方汽车交通往往碰到大量的慢车或行人	干道、商业街、商店街等
E	限制速度和中等密度的混合交通	居住区（居住区街道）和上述几种类型道路之间的连接道路	连接道路、地区街道等

注：[1] 当实际的道路其类别和交通密度低于某一类标准的规定，即介乎两类之间时，建议采用高一类的标准。如果采用低一类的标准则照明质量稍有降低，而在经济上则认为是合算的。
　　[2] 中速速度限制在 70km/h 左右。

类型来说，从车行道往外扩展出5m左右的宽度范围内应有光照射，其照明水平应不小于邻近5m宽的车行道的50%，作为对周围环境照明不充足的保护措施。这种情况是合乎需要的"。

2.3 照明计算

在道路桥梁照明设计中，一般应用逐点法计算路面任意点的水平照度，应用利用系数法计算路面平均照度。由于采用逐点法计算繁琐，在现代设计中基本上都改用计算机计算。

2.3.1 求平均照度计算公式

求平均照度 E_{av} 和灯间距 S 的计算式为：

$$E_{av} = \frac{F.U.K.N}{S.W} \tag{2-1}$$

$$E_{av} = \frac{F.U.K.N}{E_{av}.W} \tag{2-2}$$

式中

F —— 光源的总光通量（lm）；

U —— 利用系数（由灯具利用系数曲线查出）；

K —— 维护系数；

W —— 道路宽度（m）；

S —— 路灯间距（m）；

N —— 与排列方式有关的数值，当路灯一侧排列或交错排列时 $N=1$，相对矩形排列时 $N=2$。

利用公式计算间距 S 时，注意灯的照射范围。在照度均匀度满足要求前提下才能应用上式计算 S 值。

2.3.2 利用系数的确定

路灯的利用系数曲线是以灯垂直路面的垂线为界，一侧为车道侧，另一为人行道侧。利用系数按照路宽 W 与灯的安装高度 H 之比 W/H 给出。因此路面总的利用系数应按图2-6和图2-7求出。

2.4 人行横道照明

当人行横道前后50m以内，如果设有连续性30lx以上的道路照明时，对人行横道可以不必另设照明。但是满足不了这个条件时，必须设置人行横道照明。特别是对有斜坡路和拐弯道路，应加强这部分的照明设施。

人行横道路面照明，要求亮度分布均匀，应达到一定亮度，能够辨清障碍物及人物轮廓。在人行横道的行人，如果处在比较暗的背景中，视觉对象可以明显地被衬托出来。采用直射照明的方式时，背景与路面照度不宜过高，同样可见，如果路面照度过多，则人行横道亦必须有很多的照度。

1. 进行人行横道照明设计时，应了解以下内容：

（1）机动车辆及行人的交通情况；

（2）道路宽度、人行步道及人行横道宽度等情况；

（3）已有道路照明或邻近商业区照明状况，及将来照明规划；

（4）附近道路的照明环境；

(5) 道路标志，交通信号等设置情况。

2．人行横道光源

人行横道范围部分照明器可以采用荧光水银灯、钠灯、荧光灯及碘钨灯等光源。对其光效率、寿命、容量、光通量、光色及显色性以及照明效果、经济性等必须很好地进行探讨和了解。

2.5 光色及其彩色光的应用

2.5.1 光色

光色由以下内容组成：

(1) 光源色，由光源发出的光所显示出的色称为光源色。

(2) 显色性，显色性是指在光源照明的条件下，与作为标准光源的照明相比较，各种颜色在视觉上的失真程度。光源的显色性一般用显色指数 Ra 表示，特殊的显色指数用 Ri 表示。标准光源一般用日光或近似日光的人工光源。

(3) 一般显色指数 Ra，由于人类长期在日光下生活，习惯以日光的光谱成分和能量为基准来分辨颜色，所以在显色性测定中，将日光和接近日光的人工标准光源的一般显色指数定为100。对同一物体，在被测光照射下呈现的颜色与标准光源的光照射下呈现的颜色的一致程度越高，

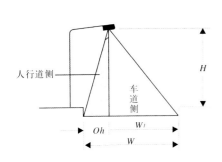
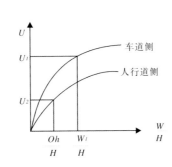

图 2-6 路灯在道路一侧的照明利用系数计算

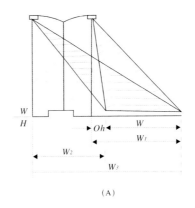
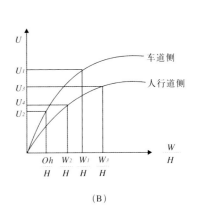

图 2-7 有中央分离带的车道照明利用系数计算

Ra 越大，显色性越好；反之，显色性越差。

(4) 色温，在黑体辐射时，随温度的不同，光的颜色也不相同。人们由黑体加热到不同温度时所反射的不同颜色表达一个光源的光色，叫做光源的色温。色温以绝对温标 K 为单位表示。

(5) 相关色温，某些光源（如气体放电灯）的色度坐标不一定落在黑体轨迹上，而是落在黑体轨迹附近。此时，光源的色温由相关色温决定。相关色温，即该光源的色度与某一温度下完全辐射体（黑体）的色度最接近或差距最小时的辐射体温度。

合适的颜色是采用具有适合光谱的光源或采用几种光源混合照明而获得的。电气照明的光色特性对视觉工作有很大影响。物体正常的颜色是在日光色的情况下显现出来的。

光对人有一定的生理作用、心理作用和其他作用。

(1) 光色的物理效果

物体的颜色与环境的颜色相混杂，可能相互协调、排斥、混合或反射，结果便影响了人们的视觉效果，使物体的大小、形状等在主观感觉中发生各种变化。这种主观感觉的变化，可以用物理量来表示，如温度感、重量感和距离感等，称为色彩的物理效果。

(2) 光色的心理效果

色彩的心理效果主要表现为两个方面：一是悦目性，二是情感性。所谓悦目性就是它可以给人以美感；所谓情感性说明它能影响人的情绪，引起联想，乃至具有象征的作用。

不同年龄、性别、民族、职业的人，对于色彩的好恶是不同的；在不同时期内，人们喜欢的色彩，其基本倾向亦不同。所谓流行色，表明当时色彩流行的总趋势。

(3) 光色的生理效果

色彩的生理效果首先在于对视觉本身的影响。也就是由于颜色的刺激而引起视觉变化的适应性问题。正确地运用色彩将有益于身心的健康。例如红色能刺激和兴奋神经系统，加速血液循环，但长时间接触红色则会使人感到疲劳，甚至出现精疲力尽的感觉。绿色有助于消化和镇静，能促使身心平衡。蓝色能使人沉静，帮助人们消除紧张情绪，形成使人感到幽雅、宁静的气氛。

(4) 光色的标志作用

色彩的标志作用主要体现在安全标志、管道识别、空间导向和空间识别等方面。例如，用红色表示防火、停止、禁止和高度危险。用绿色表示安全、进行、通过和卫生等。

2.5.2 光源显色性

(1) 显色指数 Ra

CIE 推荐，可在给定光源与参考照明光源相对照射下看孟塞尔试验色样，用所得的色偏移测量和规定光源的显色性能。

将参考光源显色指数定为100，被试光源的指数 Ra 偏离参考光源愈远，显色指数愈小。Ra 称为一般显色指数或平均显色指数。它由选出的8种试验色（$R_1 \sim R_8$）平均偏移确定。这8种试验色的色相、照度、彩度（HVC）分别为 7.5R6/4、5Y6/4、5GY6/8、2.5G6/6、10BG6/4、5PB6/8、2.5P6/8 和 10P6/8。将被试光和标准光进行比较，并测出被试光源的光谱功率分布，计算出8种色光的色差 $\triangle E$，求出平均值 $\overline{\triangle E_a}$ 并按下式求出：

$$Ra = 100 - 4.6 \overline{\triangle E_a} \qquad (2-3)$$

还有另外一组(共6种)颜色样品 $R_9 \sim R_{14}$。每种试验色都有单独的显色指数。在 $R_9 \sim R_{14}$ 中或 $R_1 \sim R_8$ 中选出一种或数种作为一般显色指数的

各类光源的显色指数　表2-4

光源	Ra	光源		Ra
白炽灯、卤钨灯	95~99	GGY + NG	0.4~0.6	40~50
荧光灯	70~80	GGY + NGX	0.4~0.6	40~60
紧凑型荧光灯	85以上	KNG + NG	0.3~0.5	40~60
荧光高压汞灯（GGY）	30~40	KNG + NG	0.5~0.8	60~70
高压钠灯（NG）	23~25	GGY + NGX	0.3~0.4	60~70
显色改进型高压钠灯（NGX）	60	DDG + NG	0.3~0.6	60~80
高显色高压钠灯（NGG）	70	KNG + NGX	0.4~0.6	70~80
镝灯（DDG）	75	DDG + NGX	0.4~0.6	≥80
钪钠灯（KNG）	60	ZJD + NGX	0.4~0.6	70~80
高光效金属卤素灯（ZJD）	65	ZJD + NG	0.3~0.4	40~50

注：① 混光照明的比例表示前一种光源光占总光通的比例，并且不推荐使用。
　　② 体育馆照明目前已有 Ra > 90 的金卤灯，如 GE、欧司朗、飞利浦的光源。

补充来评价光源的显色性,称为特殊试验色光的显色性。与上式类似,将特殊色光与基准光源的色光进行计算,求出该色光的色差△E_i,从而求出特殊色光的显色指数。

$$Ri=100-4.4\triangle E_i \tag{2-4}$$

作为参考的标准光源应与被试光源色温相同或非常接近,在5000K及5000K以下光源的参考标准光源应为普朗克辐射体(相关色温为6504K)。

(2) 国家标准对显色性的要求

我国标准尽量向CIE靠拢,一般将显色性分为四级,但规定得不够具体。实际设计中可根据现场调查,对应所需的等级进行分类和作为光源选择的依据。

在选择光源的显色指数时,可按表2-4进行。如果采用单一光源达不到要求的显色性时,也可采用两种以上光源的混光达到显色指标。由于光混合时必须共同作用到被照物体才能达到共同显色的目的,所以要求混光均匀,不能造成两种光的光斑分离。一般就选用专门设计的混光灯具。若把两种光源分开间隔布置就会失去混光意义。

(3) 光对颜色的影响

眼睛中有两种细胞:一种是柱状细胞,对弱光和弱光中的活动起作用;另一种是锥状细胞,对亮光和亮光中的活动起作用,还对颜色起作用。

在视网膜中央窝上的基本是锥状细胞。这些细胞不仅能分辨物体细节,而且能分辨颜色,称为明视觉。在视网膜边缘的是柱状细胞,它特别适于在夜间微光中搜寻物体。在完全暗的情况下,眼睛失去了颜色感觉,因为锥状细胞停止了工作。

(4) 颜色的心理功能

颜色对人的主观作用十分强烈,因而可利用颜色的这种功能创造出不同的效果,以满足现实生活的需要。

①色的冷暖感,这种感觉决定于色相。如红色为暖色,蓝色为冷色;低色温的光为暖色调,高色温的光为冷色调;彩度高的光也为暖色调。

②色的轻重感觉决定照度和彩度。明亮的感到轻,暗的感到重,而色相和彩度对轻重感几乎没有影响。

③色的软硬感,这种感觉决定照度和彩度。人对明亮的微弱浊色感到软;对暗的清色及浊色感到硬。

④色的强弱感,这种感觉也决定于照度和彩度。颜色鲜艳时,亮度暗的感到强;颜色是浊色时,亮度高的感到弱。

⑤色的明快与阴沉感,重要因素是明度和彩度。明亮和鲜艳的颜色使人感到明快,暗淡的浊色使人感到阴沉。

⑥色的兴奋与沉静感,兴奋与沉静感与色相、照度、彩度有关,特别是彩度。暖颜色和鲜艳颜色使人兴奋,冷色和暗的浊色使人沉静。

2.5.3 光色和显色性及其应用

光的颜色和显色性在照明工程中十分重要,光的颜色特性主要表现在光的色表和显色能力两个方面。光辐射由许多光谱辐射组成。光谱成分越重,光的色表和显色性能越完善。但两种光谱成分不同的光可以有相同的色表,而显色性却可能差别很大。因此,不能根据光的颜色确定其显色性能。

光源的色表

1) 用CIE1931色度图表表示光源的颜色。

CIE1931色度图是用数字方法计算光的颜色。任何一种颜色都能用两个色坐标在色度图上表示出来。其根据是,任何一种光的颜色都能用红、绿、蓝三原色光合成出来。三原色光也叫"标准色度观察者光谱三刺激值",用符号X(λ)、Y(λ)、Z(λ)表示。它们是三条相对灵敏度曲线,代表各种波

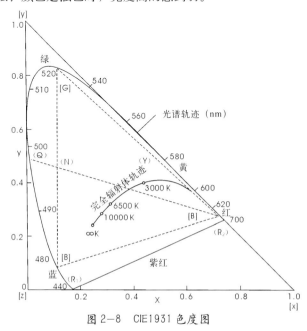

图2-8 CIE1931色度图

长线光谱色所需要的红、绿、蓝三原色的量。从三刺激值可以进一步求出任何一种光源色的颜色三刺激值，用 X、Y、Z 表示。这些量与三个灵敏度曲线及光源的光谱功率分布有关。

在色度图中 X、Y、Z 用相对值表示，显然有

$$X+Y+Z=1 \tag{2-5}$$

例如 100W 白炽灯的 X=0.453，Y=0.403，Z=0.144；日光色荧光灯的 X=0.313，Y=0.324，Z=0.363。

CIE1931 色度图如图 2-8 所示。它基本上是一个三角形，周边线表示光谱色，中间黑线是完全辐射体的轨迹，即表示黑体的色度和温度的关系。

2）用色温表示光源的色表

白炽灯在低电压下发出类似蜡烛的红光，随电压升高逐渐变为白光。因此，白炽灯光源的色度表可以用色温 T_c 表示。当热辐射光源（如白炽灯、卤钨灯）的光谱与加热到温度为 T_c 的黑体发出的光谱相似时，温度 T_c 就称为该光源的色温。

非完全辐射体光源的色度图不在黑体轨迹线上，而在轨迹附近，其色温可以用"相关色温"表示。相关色温的概念仅对光谱能量分布和与完全辐射体近似的光源才有意义。

低色温光源发出红色、黄色光，高色温发白光、蓝光。色温与光的颜色关系及各种光源的色温见表 2-5 及表 2-6。

色温与光的颜色的关系　表 2-5

黑体辐射温度（K）	光谱功率辐射颜色	备注
800~900	红色	无实用价值
3000	黄白色	比白炽灯色温高，比卤钨灯色温低
5000	白色	气体放电灯
8000~10000	淡蓝色	无实用价值

各种光源的色温度　表 2-6

光源	色温（K）	光源	色温（K）
太阳光（大气外）	6500	荧光灯（昼光色）	6500
太阳（在地表面）	4000~5000	荧光灯（白色）	4500
蓝色天空	18000~22000	荧光灯（暖白色）	3500
月亮	4125	荧光高压汞灯	5500
蜡烛	1925	高光效金属卤化物灯	4300
弧光灯	3780	钪钠灯	3800~4200
镝灯	5000~7000	卤钨灯	3000~3200
钠、铟灯	4200~5500	低压卤钨灯	3000~3200
高压钠灯	2100		2700~2800
显色改进型高压钠灯	2300	紧凑型荧光灯	6500
白炽灯	2700~2900		

3）光源色表的属性及色表的应用

光源色温不同，给人的感觉也不同。低色温有暖的感觉。如红色和橙色光使人联想到火，白光和蓝光使人联想到水。CIE 把灯光的色表分

成三类，见表2-7。

灯光的色表分组　　表2-7

色表分组	色表	相关色温（K）
1	暖	3300以下
2	中间	3300～5300
3	冷	5300以上

人对光色的爱好与照度水平有关，1941年法国光吕道夫定量提出光色舒适区的范围，后人研究进一步证实了他的结论。

光吕道夫提出第一个准则是，为了显示所示对象的正常颜色，应当根据不同照度选用不同颜色的光源。低照度时采用暖色；高照度时采用冷色。例如，低照度下用粉红、浅橙或淡黄色等暖色调的光，人的肤色显得"温和"自然，而用冷色调会使人的肤色苍白可怕。在高照度下采用近似日光的冷色，使人的皮肤颜色显得更自然和更真实。第二个准则是，只有在适当的高照度下，颜色才能真实反映出来，低照度不可能显出颜色的本性。

图2-9说明，低照度时低色温的光使人感到愉快、舒适，高照度则有刺激感；高色温的光在低照度时感觉阴沉、昏暗、寒冷，在高照度感觉舒适、愉快。因此在低照度时宜用暖色光，接近黄昏情调；在高照度时宜用冷色光，给人以紧张、活泼的气氛。照度、色温与感觉的适应关系见表2-8。

照度、色温与感觉的关系　　表2-8

照度	光源色的感觉		
	暖色	中间色	冷色
≤500	愉快的	中间的	冷的
500～1000	↑	↑	↑
1000～2000	刺激的	愉快的	中间的
2000～3000	↑	↑	↑
≥3000	不自然	刺激的	愉快的

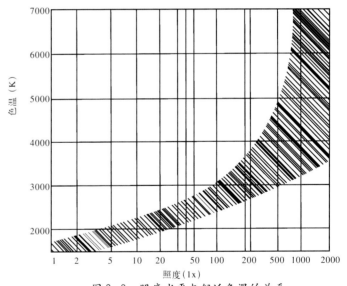

图2-9　照度水平与舒适色温的关系

2.5.4 彩色光的应用

夜景照明的目的是展示城市道路、桥梁的形象，创造美丽的夜景，一般应以无色光为主，彩色光为辅。但彩色光可以起到特殊的美化作用，并能构成城市道路、桥梁的特色。在进行城市道路、桥梁彩色光的应用时，必须掌握色彩和色相环的特性。①色彩的特性。色彩特性表现在色相、明度、纯度三个方面。其中色相表示可见光谱不同波长的辐射在视觉上的表现；纯度表示彩色光在整个色觉中的纯洁度。非彩色则指的是白色、黑色和灰色。它只有明度的对比，而无色彩的差别。②色相环的特性。把彩色的色相按光色顺序排列成环形色叫色相环。以孟塞尔色立体色相环为例，相对环心两边的两种颜色是互补色。互补色按照适当比例混合可以得到白色或灰色。当互补色以任意比例混合时，其颜色是连接互补直线上的各种颜色。任何两个非互补色混合，便产生中间色。这是颜色混合规律。色相环上的互补色是最强烈的对比色。环上相差60°以内的各种颜色是同类色，相差120°以内的颜色是弱对比色，相差180°的色是互补色。

应用彩色光要考虑设置、对比、节奏感和韵律感。

设置彩色光时讲究平衡与侧重。设置一种色光或组合几种色光时，色彩平衡给人以舒适感，因为它们相互是调和的（不平衡则是不舒适与不调和的）。色彩还具有倾向性，如给人偏冷、偏暖、偏亮、偏暗的感觉等。

彩色光的对比是指光的强弱与和谐。对比是色彩鲜艳、丰富、醒目的根本，然而色彩的设置又需要和谐。对比强烈时会失去美感，色彩相互衬托有时使人感到鲜明强烈，对比减弱有时会体现和谐等。

彩色光的节奏感和韵律感是指彩色光按一定规律交替出现（动感照明）或色彩逐渐变化可产生节奏感或韵律感。这是活跃气氛的重要因素。

（1）彩色光的设置与选择

彩色光可以强化某种情绪，在局部利用彩色光容易获得调和的效果，并创造某种特定的气氛。如何加彩色光，首先要了解各种彩色光给人造成的心理反应，以便合理选用，见表2-9。

（2）彩色光的调和设计

在以彩色光照明时，往往需进行多种色光的组合或色光与无色光的组合。组合时要注意色彩的调和，要求照明既要鲜明强烈，又要和谐舒适。根据实验结果，下面几种色彩关系是调和的。

①在色相、明度、纯度上属弱对比者是调和色；
②色彩按照某种顺序变化可为调和色；
③含有相同色觉的色是调和色，低纯度的色是调和色；
④无色光和任何色光相配均可形成调和色。

（3）彩色光的对比设计

使用色彩对比是很常见的做法。红花与绿叶，因存在对比才显得更美。而单独的红花和绿叶都是不完美的。彩色光有色相对比、纯度对比等，使用这些对比手法可创造各种环境气氛。

1）明度对比设计

明度对比设计中存在短调设计和长调设计等情况。①短调设计，一个画面具多种色彩，若它们在明度上相差三个色阶之内，则这是一种弱对比。短调色反差较小，而且模糊、柔和、平静。②长调设计，当明度相差五个色阶以上时，造成

彩色光的心理效果　表2-9

色彩心理效果	特征
冷暖感	红橙色给人以暖的感觉，蓝色给人以冷的感觉；红色使人联想到火，蓝色使人联想到水。白光也属冷色光
远近感	夜晚看到火或红色、暖色感到近，而看到蓝色光感到远。这是由于黄、红长波光有近感，短波蓝色有远感。长波叫前进色，短波叫后退色
兴奋与沉静感	红色、橙色、黄色使人兴奋激动，而蓝、蓝绿色使人沉静
食欲的增加和减退感	红色、黄色使人增加食欲，蓝色使人减退食欲，彩度高的比彩度低的色能增进食欲，并使人兴奋
大小感	对相同大小的物体，明亮的看起来较大；反之，则较小，黄色的物体比蓝色的物体感觉要大
轻重感	物体重量相同时，明亮的看起来较轻，而深暗的看起来较重

强对比。用高调色构成的短调设计叫高短调；用低调色组成的长调设计叫低长调。

明度对比表明，（见表2-10），亮色在暗色对比下显得更亮，而暗色在亮色对比下也显得更暗。同一种色相在不同明度和色相背景的对比下，会表现出不同的亮度。例如，相同的黄色在白底上显得深暗，而在黑底上却显得明亮。

色彩明度对比设计要求　表2-10

设计类型	特点
高短调	优雅、朦胧、轻柔
低短调	凝重、威严
高长调	明快、清新、生气勃勃
中长调	明暗适中、色彩饱和、有永久平衡感
低长调	庄重、威严、神圣、易于突出被照明物、有爆发性力量、效果强烈

色相对比的应用　表2-11

对比种类	特性
弱对比	在色相环上相距120°以内的对比 雅致、温和、易于统一协调，感染力弱，应配比较好的明度对比才能既鲜明又调和
强对比	在色相环上相距120°～180°以内的对比色彩鲜艳、色感丰富，使人兴奋、对比强烈。使用时避免将它们并列，可采用隔离或面积大小上形成差距，或在明度上变化，以统一和协调
互补对比	在色相环上相距180°以内的对比是极端的对比色，能获得最大的鲜明性，它们互补、互相依赖，使人感到愉悦，能获得持久的美感。但互补色合在一起则互相抵消、中和变灰，因此不宜将互补色相间排列或混合在一起。互补色也不宜并列，可在两色之间加以中间色隔离

2）色相对比设计

色相对比不仅让人们区别色彩，而且可以使色彩间差异增大，使色彩更加鲜明。色彩对比可以使色彩感觉发生变化，如紫色在红色背景下则偏红。色相对比有弱对比、强对比、互补色对比。不同的对比对视觉的心理的影响不同，可利用这一特性创造出需要的环境气氛。见表2-11。

3）纯度对比设计

两种不同纯度色并列，纯度高的颜色会更鲜艳更强烈，而纯度低的颜色则会更灰更淡和模糊。这就是纯度对比的效果。

采用纯度对比有两种方法，即掺入法和衬托法。掺入法的作用是降低某种颜色的过高纯度，使整个画面和谐。如在某种色彩光中掺入其互补色或白色，则可得到所需的纯度。衬托法是采用不同纯度的色组合，以衬托主体色。在衬托法中黑、白、灰色十分重要，因它们的纯度为零，所以对所有的色都具有衬托作用。

4）面积对比设计

在画面中彩色光面积的不同大小和对比给人不同的感觉。一般规律是大面积色彩后退，小面积色彩突出。但小面积色块分散布置又使对比度弱。若要求色彩平衡、调和，各种色的面积应有一定比例。在大面积照明中，如果使用小块面积色彩起点缀作用，具有很强的表现力。因此，可采用悬殊面积对比方式等。各种对比方式应用的效果见表2-12。

2.6 照明美学

在城市环境灯光规划设计中，把照明方式与设计的构图技法密切结合，融为一体，作出各种各样的环境空间和艺术处理形式，不仅满足了

彩色照明面积对比方式设计　表 2-12

面积对比种类	设 计 方 法
平衡面积对比	使多种色组的配合达到视觉平衡，各种色的面积比例应为： 黄:橙:红:紫:蓝:绿＝3:4:6:9:8:6 即亮的、强的色面积要小于深的、暗的面积
悬殊面积对比	画面中一种色的画面所占面积为压倒优势，另一种色的面积只起点缀作用
大面积对比	在视觉内出现几块具有装饰效果的色块，如每座建筑都有自己的色调，在视野内出现多座不同色光的建筑物
小面积对比	在一个面积衬底下布置许多小面积不同色块对比

使用功能，而且具有装饰效果。于是照明方式与照明设计的关系，便是创造灯光艺术的主要内容，成为一种具有美学意义的表现形式，从而使灯光从单纯的实用性走进了艺术的殿堂。

照明美学是由自然科学和美学相结合而形成的一门新兴的实用性学科，它属于自然科学的范畴，所以是对自然界规律的认识，并具有无限深入自然现象本质的能力。同时，人们对生动的多样性的现实，还有一种审美意识。这种审美认识也要深入到现象的本质，但是它的任务是通过创造典型形象来反映自然界的客观规律。它不仅不会破坏现实生动的多样性，而且有能力显露和表现客观现实的这种多样性。

灯光照明工程属于实用科学技术门类。它的多样性不仅体现人的本质力量，而且体现为审美形式，它蕴孕着一种有异于传统美学研究对象的特殊的美。

现代科学技术丰富了灯光照明的表现力，人们对美的认识，不仅仅停留在数量、和谐、均衡、比例、整齐、对称等感性认识上，还注意揭示科学技术对于自然美典型概括的艺术之间的必然存在着的某些内在联系。两者在自然美的范畴内相互渗透、互相贯通、互相依存、互相合作。也就是说，灯光照明与美学之间的关系，通过照明美学这个中间环节，联系得更加紧密了。

任何艺术形式的具体表现都离不开一定的物质条件，这些物质条件或构成艺术的材料（如颜料、图案等），或成为艺术表现所依赖的物质基础（灯具、调光设备等）。随着科学技术的进步，新的艺术表现形式不断增加，极大地丰富了艺术的表现力，如动态感、真实感、虚幻感等。

色彩是照明美学的表现形式，色彩的美与它本身的物理性质有关（不同的颜色有不同的波长）。而且对人的生理和心理有较大的影响。不同的颜色对人生理上的不同，影响到人们对色彩有不同的心理感受。灯光色彩要求和谐统一，要注意设置一种基调，各种色彩都要服从于这一基调。灯光色彩的感觉是一般美感中最大众化的形式，因此，它是灯光设计中必须掌握的表现手法。设计时应根据功能来确定色彩，同时要注意环境条件。灯光工程要有其独特的艺术语言和风格，在考虑使用功能的同时，还要体现美感和时代精神。

第二篇　道路桥梁功能性与装饰性照明方式

第3章　照明的布灯方式

道路照明方式分为常规道路照明和高杆照明两大类。常规道路照明是在灯杆上安装1~2台路灯，沿道路一侧、两侧或中间车道上布置。灯杆高度通常不超过12~13m。灯杆高度为20m及20m以上的称为高杆照明。在城市照明中，常规道路照明有时采用高度12~20m之间的组合花灯形式，可称为半高杆照明。还有在一根灯杆上安装两个光源的双大灯灯具。其照明方式又可分为灯杆式、悬索式、多灯组合式和庭院式四种。

3.1　常规道路照明布灯基本形式

3.1.1　灯杆照明方式

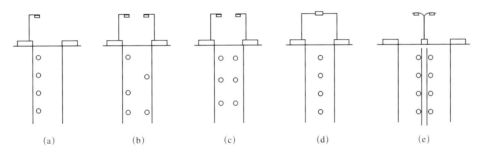

图3-1　常规道路照明布灯方式

(a) 单侧布置　(b) 双侧交错布置　(c) 双侧对称布置　(d) 横向悬索布置　(e) 中心对称布置

常规道路布灯的几种基本方式，见图3-1。

（1）单侧布置，这种布灯方式适合于较窄的道路，灯具安装高度等于或大于路面有效宽度。其优点是诱导性好，造价低；缺点是不设灯的一侧路面亮度低。因此两个方向行驶的车辆得到的照明条件不同。

（2）双侧交错布置，这种方式是将灯具按"之"字形交错布置，适合于比较宽的道路。要求灯具安装高度不小于路面有效宽度的0.7倍。这种方式的优点是可以满足亮度总均匀度，在雨天提供的照明条件比较单侧布灯好。缺点是亮度纵向均匀度较差，诱导性也不如单侧布灯形式好，而且容易使驾驶员感觉混乱。

（3）双侧对称布置，这种方式适合于宽路面，而且纵向亮度均匀度、诱导性都很好。要求灯具安装高度不小于路面有效宽度的1/2。

（4）中心对称布置，这种方式适合于有中间分离带的双轴路。灯具在中间分离带用Y形或T形杆安装，灯杆高度应等于或大于单向道路的有效宽度。这种布灯方式可以照亮人行道侧、车道侧，效率较高，诱导性好。

桥梁照明可以选择双侧交错布置、双侧对称布置和中心对称布置三种基本布灯方式。

3.1.2　悬索式照明方式

横向悬索式布置，这种方式是将灯具悬挂在横跨路上的绳索上，灯具的垂直对称面与道路轴线成直角。要求安装高度较低，为6～8m，多用于树木遮光较多的道路，或用于安装灯杆困难的狭窄街道。这种照明适用于潮湿多雾地区。其缺点是灯具容易摆动或转动，造成闪烁眩光。

3.1.3 多灯组合式照明方式

这种照明方式即所谓半高杆照明式。对于照明范围要求广阔，线路复杂的区域，使用一根基杆安装多个灯具，如路口广场照明，位于场地突出位置，设置对应创造中心感，并成为区域中心的象征。

3.1.4 庭院灯照明方式

庭院照明方式一般用于非主行车道、步行道、商业街道、景观道路、公园和住宅小区等道路，要求保证路面明亮的同时，力求使"光与影"的组合配置有旋律感，因为它的高度较低，最能让人感觉它的存在，所以必须根据环境的气氛精心设计外观造型，并且应使灯具有良好的安全性和防范性。庭院照明方式又可以称之为装饰照明。

3.2 高杆照明方式

国际照明委员会（CIE）对室外大面积照明中的照明装置的高度分为高、中、低三种，高度在18m以上为高杆照明。

所谓高杆照明是指杆底发蓝至灯具中光源在点燃时所在平面的垂直距离，通常以高杆等于或大于20m的高杆照明用得较多。

高杆照明的优点很多，具体表现在：

（1）比较容易增加每根基杆上的灯具数量，灯具内可以采用大小功率光源，很容易在被照面上获得高照度、高亮度。

（2）被照面上的照度、亮度均匀度好，可以避免眩光。

（3）灯杆少，使受照场地有一个整齐清晰的图像。灯盘可以做成多种造型，配合环境烘托气氛，从而起到美化城市的作用。

（4）由于灯安装得高，可以照亮空间、照亮环境，有效控制眩光，视场尺寸大大增加。

（5）杆位选择余地大，可以把灯杆设在15～20m以外，防止汽车撞杆事故。维修时也不影响正常交通。

3.3 栏杆照明方式

沿着道路轴线，在车道两侧地上约1m高的位置设置灯具。这种方式适合于车道宽度较窄的场合。如用于坡度较大的路段和弯道，则应特别注意控制眩光。

3.4 特殊道路的照明方式

3.4.1 平面交叉路口布灯

平面交叉路的照明应符合下列要求：

（1）交叉路口的照明水平应高于通向路口道路的照明水平，并应有充足的环境照明；

（2）为了明确交叉路口的存在，可采用不同光色的光源，不同外形的灯具或采用不同的高度，不同的安装方式；

（3）十字路口可采用单侧、交错、对称布置等布灯方式。大型交叉路口可以另加灯杆灯具，有交通岛时可在岛上设灯，也可设高杆照明。

3.4.2 十字路口布灯

要求看清岔路前进方向右侧，离路口15m处设一盏灯，以便照亮路口。另外在该侧行车线对面设一盏灯，照亮前进道路，见图3-2。

3.4.3 T形三岔路口布灯

应在道路尽端设置路灯，这样可有效地照亮三岔路口，而且有利于诱导驾驶员识别路的尽头，见图3-3。

3.4.4 环形交叉路口布灯

照明应充分显现环岛、交通岛和缘石。灯具应该设在环岛外侧，见图3-4。环岛出入口道路照明应适当加强，直径较大的环岛还可设置高

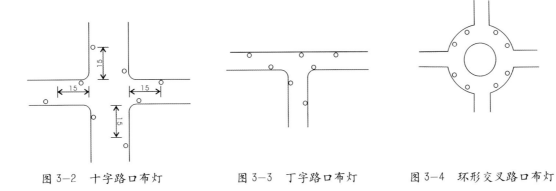

| 图 3-2 十字路口布灯 | 图 3-3 丁字路口布灯 | 图 3-4 环形交叉路口布灯 |

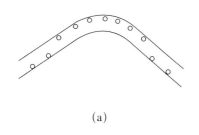 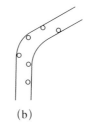 

(a)　　　　　　　　　(b)　　　　　　　　　(c)

图 3-5 转弯处布灯

杆照明，见图 3-4。

3.4.5 弯道照明布灯

弯道照明可分为以下几种情况

(1) 半径等于或大于 1000m 的弯道可按直线处理；

(2) 半径小于 1000m 时，弯道灯具应布置在弯道外侧，灯的间距应减小，一般为直线段的 0.5~0.75 倍。悬臂也应缩短，见图 3-5 (a)；

(3) 转弯处的灯具不应安装在直线段的延长线上，见图 3-5 (b)、(c)。

道路允许弯曲半径和灯间距的关系，见表 3-1。

道路允许弯曲半径和灯间距的关系　　表 3-1

转弯半径(m)	300以上	250~300	200~250	200以下
灯具间距(m)	35以下	30以下	25以下	20以下

3.4.6 坡道照明布灯

坡道照明要保证光分布的最大均匀度，并使眩光限制到最小程度。若坡道的倾斜度不变，应使灯具的开口平面平行于路面。若是驼峰坡道，应缩小灯具的安装间距和采用截光型灯具。

3.4.7 分离式立体交叉照明

小型分离式立体交叉，宜采用常规灯杆照明。但要注意灯具在下穿道路上产生的光斑能很好地衔接，同时还要防止下穿道路上的灯具在上跨道路上造成眩光。而大型分离式立体交叉，则可采用高杆照明。

3.4.8 互通式立体交叉照明

互通式立体交叉照明比较复杂，应注意以下几点：

（1）应有足够的环境照明，以显示所有复杂环境特点，使驾驶员随时了解自己所在的位置。

（2）在交叉口、出入口，弯道、坡道等交通复杂的路段都应设置照明，同时应增强过渡照明区，使驾驶员有视觉适应过程。过渡照明的设置方法通常是保持灯具原来的安装高度和间距，逐渐减少光源功率。一般应保持在 $0.3cd/m^2$ 的亮度水平。

（3）大型互通式立体交叉应首选高杆照明。

3.4.9 人行地下通道照明

对照度水平较低的通道出入口设置照明，夜间可照亮上下阶梯，白天可起到指示牌的作用，引导行人走地下通道。

对较窄的行人地下通道，可以在通道的顶棚或一侧布置顶灯；比较宽的人行通道要在通道两侧或顶棚上布置两排灯。

3.5 桥梁的照明

桥梁照明应进行专门设计，它的照明应与其连接的道路照明一致。若桥面宽度小于与其连接道路的宽度时，则桥梁的栏杆、路缘要有足够的照明，桥梁入口处必须设灯。桥梁照明的设计既要满足功能又要考虑艺术造型，做到与桥梁的风格一致，在作艺术化处理时，必须突出表现其本身的个性化特点。

桥梁照明限制眩光，要考虑到桥面与其连接路面高度差情况，采用装饰照明时更要注意这一点。一要避免给桥上行驶的驾驶员造成眩光；二要避免给其连接或邻近的道路上驾驶员造成眩光；三要避免给通航时船上的舵手造成眩光。

3.6 机场、铁路和水路附近的道路照明

机场、铁路和水路附近的道路照明，不得干扰飞机起飞、降落的信号系统，不得与铁路、水路航行的信号光色相干扰。机场附近的灯杆高度要有所限制，在设计其附近道路照明时，应与机场、铁路和航运部门取得联系并征得意见后方可实施。

3.7 道路广场照明

与机动车交通道路有关和必须进行照明的广场有：车站前广场，机场前广场，大转盘，立交桥和桥头广场，停车场，收费处等等。这些广场的形状及面积无定形而式样多。因此，在设置照明装置时，必须抓住广场的固有特色，充分发挥广场的功能。

广场照明又是城市夜景照明的组成部分，城市广场往往是城市夜景照明的亮点。所以设计广场照明应当考虑：①有足够的明亮度；②整个广场的明亮程度要均匀一致；③眩光要少；④造型要美，与整个亮化工程相融合；⑤灯具造型不能影响广场本身的功能，又要符合亮化工程的整体效果。因此，所选用的照明方式，灯的距离，灯具造型等都要经过特殊的专门讨论和设计，并要求具有地方的象征意义。同时要求灯具光效高，照明效果好，便于维护和管理等。

3.8 居住区和步行区的道路照明

本节重点谈的是为行人服务为目的的道路照明。

（1）照明要求

居住区和步行区的道路照明应该为行走和辨别方向提供方便，并且有助于相互识别面部，同时又不至于构成光干扰，这种场合还应增加美

化环境的照明效果，并且有足够的光照以防止暴力、偷窃、破坏等犯罪行为的发生。

(2) 照度要求

人的行走速度比机动车要慢得多，这意味着人的眼睛有更多时间来适应亮度变化。因此，均匀度的要求可以不像机动车道那样严格。照明水平应该足够显现路上潜在的障碍物和任何有碍于行走的地方，所以一般要求在1lx或更高一点便可以了。在人的视觉面前物体的表现都是三维的，因此，人们总是按半球面照度而不是按水平照度来规定，当然也可以采用柱面或半柱面照度等等。

面部识别，对行人来说非常重要，最新的研究表明，识别距离为4m，脸上需要有0.8lx的半柱面照度。

荷兰的费歇尔教授从既有的水平照度、半球面照度和垂直照度之间的关系综合出各国和国际组织关于居住区的水平照度的推荐值，(表3-2)。

我国的《城市道路照明设计标准》规定的平均水平照度值为1~2lx。

费歇尔住区水平照度推荐值　表3-2

照度 (lx)	说　明
1 (最低值)	可纵向发现障碍物可靠的最低值
5 (平均值)	易于确定方位
20 (平均值)	富有吸引力的照明，能够认清人的面貌特征

(3) 均匀度

如果最大照度与最小照度之比不超过20:1左右，行人就不会出现视适应问题。在我国标准中，尚未提出具体要求。

(4) 眩光限制

因为行人速度比机动车慢得多，不大可能由于眩光而造成与行进中的障碍物发生相撞的事情。我国标准未作出规定，但不宜把裸灯安装在眼睛的水平线上。

(5) 照明装置

1) 光源

居住区和步行区道路的照明通常采用白炽灯、紧凑型荧光灯、管型荧光灯、高压荧光汞灯、低压钠灯或高压钠灯以及大功率金属卤化物灯等。

由于考虑节能效果，一般都以紧凑型荧光灯来替代白炽灯。

2) 灯具

此类地区灯具，一般采用景观型的，如庭院灯、景观灯、草坪灯、埋地灯、水底灯、照树灯等。首先要考虑灯具的风格和造型，把它纳入总体效果之中。再是根据灯具的光色、光分布、造型和尺寸等因素决定灯具亮度及按给定的方式布置灯与灯之间的距离。

3) 灯具的安装

居住区和步行区道路的照明灯具通常有柱顶或杆顶安装、建筑物立面安装、悬挂式和立地式等安装方法。不言而喻，这几种模式并非一成不变，应因地制宜，视现场情况而定。

3.9　隧道照明

公路隧道可分为入口区、中间区和出口区。隧道墙的下部也和路面一样，是隧道内观看物体的背景。驾驶员白天从明亮的环境进入隧道时与行驶在一般道路上有着非同一般的视觉感受。所以必须以照明来消除或者尽可能减少驾驶员这种不适应的状况。

临近段的亮度值（kcd/m²）　表3-3

刹车距离(m)	20°视野内天空占有百分比							
	35%		25%		10%		0%	
	平常	有雪	平常	有雪	平常	有雪	平常	有雪
60	—	—	4~5	4~5	2.5~3.5	3~3.5	1.5~3	1.5~4
100~160	5~7	5~7.5	4.5~6	5~6.5	3~4.5	3~5	2~4	2~5

推荐的适应段亮度与引入段亮度的比值　表3-4

刹车距离(m)	对称配光的灯具
60	0.05
100	0.06
160	0.10

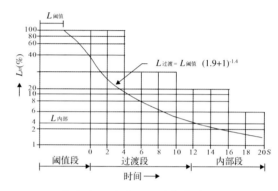

图3-6　隧道照明的亮度递减曲线

3.9.1　入口区

入口区照明的亮度要根据隧道外的亮度、车速、入口处的视场和隧道的长度来确定。CIE将隧道入口照明分为阈值段（适应段）和过渡段，阈值段是为了消除"黑洞"现象，让驾驶员能在洞口辨认障碍物所要求的照明段；过渡段是为了避免阈值段照明与内部基本照明之间的强烈变化而设置的照明段，其照明水平逐渐下降。

隧道入口照明是根据视野中隧道外天空的亮度、周围景物的亮度、道路的亮度来决定的，CIE规定视野范围是这样的，观察者站在离隧道口一个刹车距离，视野中心位于隧道高度的1/4处的20°，同时，CIE也给该段取名叫临近段，这是隧道入口前的一个刹车距离。由于它属于隧道外的一段，故未将它列入隧道分段中，表3-3是临近段视野内的亮度值，表中给出的是刹车距离，从表中可以看出对于车速大的情况，临近段视野内亮度较高；并且由于有雪时视野中心亮度较高，在同样的情况下，临近段视野内亮度比平时高。

适应段（即阈值段）的适应亮度，CIE没有规定具体的值，只是以临近段的亮度为基础间接作了规定，表3-4是推荐的适应段亮度与临近段亮度的比值，但适应段的亮度并不是一个恒定值；在一半的适应段长度时应开始逐渐减少亮度，直到在适应段结束时降到原来的0.4（图3-6）。

CIE以一个计算公式给出了过渡段的亮度递减，如图3-6所示，图中$L_{阈值}$表示阈值段开始段的亮度，$L_{过渡}$表示过渡段的亮度，$L_{内部}$表示隧道内部段的亮度。

3.9.2　内部照明

内部照明主要是为了保证车辆的安全行驶，其所需要的亮度是由车辆的速度和路面的反射条件决定的，表3-5是对隧道内部照明的推荐亮

CIE 对隧道内部照明的推荐值　表 3-5

刹车距离(m)	交通密度（辆/小时）		
	<100	100<交通密度<1000	>1000
60	1	2	3
100	2	4	6
160	5	10	15

度，它是以刹车距离和交通密度为依据给出的。

3.9.3　出口照明

白天，出隧道之前需要一段过渡段，以防止出隧道时由于高亮度刺激而降低视觉，亦即眩光的影响，一般过渡段的照度应为隧道口外部照度的 1/10，过渡段的长度不大于 80m，当然也可将出口照明作入口照明处理。

3.9.4　隧道光源与灯具的选择

隧道照明光源，除满足一般道路照明的要求外，特别要选择透光性强的光源。一般情况下，选用低压钠灯为主，当然短隧道也可选用显色性较好的荧光灯或金卤灯，隧道出入口处则应选用大光通量的高压钠灯或金卤灯。

选择隧道灯具必须合理。隧道灯具的特点有：

(1) 灯体为专用铝合金材料，表面经阳极氧化处理，强度高，耐腐蚀；

(2) 密闭性能好；

(3) 具有较高的发光效率；

(4) 可以采用吸顶、悬挂或直接固定等安装方式。

第4章 桥梁的景观装饰照明

  自古以来，人类濒水而居，城镇依江河发展，而桥梁是沟通两岸交通的重要建筑物，城市与水流、桥梁通常相依共存。随着交通事业的不断发展，城市中的江河大桥、立交桥和高架道路日益增多，解决行人和非机动车过街的人行天桥和非机动车专用桥也相继增多。城市桥梁大致可分为三类，即水流上的桥梁、城市立交桥与高架道路、人行天桥。

  桥梁无论是横跨风景秀丽的江河水面，还是位于交通繁华的城市道路之上，由于其地理位置重要、视觉形象突出，所以，都是城市重要的景观节点。设计好桥梁夜景照明，无疑对城市面貌起着美化的作用。随着高科技的发展，现代照明器具不断更新，有条件通过五光十色的艺术照明来表现桥梁夜间景观的魅力，使桥梁景观能够展示和扩展为全天候的美学效应，创造出丰富多彩、神秘美妙、流动变化的夜空世界，给人们带来无限的遐想与憧憬。

4.1 桥梁景观照明设计原则

桥梁照明设计要遵循安全、适用、经济和美观的基本原则，具体为：

（1）所有灯饰和照明光源均不得影响航空、航船、行车和行人安全。

（2）以人为本，充分注重人们的视觉舒适度，避免光污染。

（3）桥梁与城市干道相连，不仅承担着大流量的交通功能，而且是市区主要的景观视轴。因此，桥梁的照明设计首先应该保证桥面的交通照明，然后是桥体的景观照明。

（4）每一座桥梁都有自己的形态特征，均具有浓郁的特色和鲜明的风格，现代与古典相映成趣，这些都应成为夜景照明渲染的要素。

（5）考虑不同的方位和角度进行桥梁照明设计，选取适当的亮度比，照明效果使得桥体在三维空间的环境中凸现出它的大小细部，表现桥梁总

图4-1 上海浦东机场立交桥

体艺术造型与具有特性的单体结构相结合。

(6) 具有不同功能的多种光源不致互相干扰，造成衍射、泛光、乱影等负面效应。

(7) 照明设施和照明管线尽可能隐蔽，不能影响桥梁白天的景观；灯具造型应新颖，照明高效均匀，安装维护方便。

桥梁装饰照明设计的目的是通过光的强度和颜色变化，突出桥梁的整体形象和建筑特色，达到美化环境的效果。因此，桥梁照明设计还应遵循以下原则：

(1) 应遵循节能的原则。

(2) 设计时应充分考虑降低照明费用，包括初始投资和运行费用两部分。

(3) 设计时应充分考虑维护、维修、清洗、替换等全方位的管理因素。

4.2 桥梁照明设计要点

4.2.1 桥梁基本照明设计要点

(1) 对于曲线型桥梁应适当加密曲线外侧灯柱的间距，以增强视线诱导效果。桥两端与道路照明的衔接要自然舒适，充分强调其连续性和流畅感。照明灯具造型应与桥梁形态、规模及周边环境相协调，灯柱设置可与栏杆相结合，使照明与桥梁结构造型融为一体（图4-1）。

(2) 立交照明灯布置形式与道路布灯形式相同。在单向匝道上，照明灯单侧布置，并且在环形桥上设于外侧，其优点是行车诱导性好，造价低。当桥面较宽时，照明灯双侧对称布置，其纵向光线均匀度和诱导性均比双侧交错布置要好。中心对称布置，即将照明灯布置在中间隔离带上，这种布灯形式比两侧布灯更经济，且可获得良好的视觉诱导性。大型立交为避免沿各路线方向设置照明而引起视觉混乱，一般采用高杆照明最为适宜（图4-2）。

4.2.2 桥梁夜景观照明设计要点

图4-2

虽然桥梁基本照明对桥梁夜间景观能起到一定作用，但桥梁夜景照明与基本照明却有着本质区别。桥梁夜景照明是照明科学与桥梁建筑艺术的有机结合。它拓展了桥梁的景观表现，全天候展示桥梁的美学特征，同时其对于表现城市夜间景观的空间层次与景深承担着重要作用。因此，设计时应着力表现其自身的特点，以点、线、面的表现方式，展示桥梁的个性美与本质美（图4-3）。

（1）选择桥梁要素为照明表现对象

桥梁夜景照明，应还原其建筑艺术美，不可通体一样亮，要根据不同桥型的形体特征，有的放矢地进行光照设计，必须掌握桥梁的要素，如主缆、桥塔、斜拉索、护栏、纵梁、桥拱、桥墩等。

（2）表现立体感

每一样物体在人的视觉中都是三维表现的，桥梁也是一样。光线来自一个方向，照明对象会出现规划的阴影，形成鲜明的立体感。但光线方向过于单一，也会产生令人不适的阴影效果。倘若照明方向过于扩散，照明要素各个面的照度相近，则立体感就会削弱。所以必须合理布置光源，调整光照角度，使照明要素的主照面、副照面和投影面的照度合理分配，以获得合适的立体感。

（3）强调色彩表现

由于光源不同的光谱分布而造成在不同光源照射下观看照明对象时，其外观色彩会发生变化，所以光源的色调直接影响物体色彩的表现。如果需要准确表现照明要素的色彩，则须选择高显色性光源。

4.3 桥梁夜景照明的目的、表现手法和内容

4.3.1 桥梁夜景照明的目的

桥梁夜景照明是以灯光及其色彩丰富桥梁构筑物空间的深度与层次，在夜间充分显示桥梁整体轮廓与材质美，以照明材料创造美的环境和艺术氛围为目的，使桥梁夜景充实人们的审美情调，进而为城市的夜景形象服务。

4.3.2 桥梁夜景照明的表现手法

桥梁夜景照明的表现手法主要有空间、时间和形态上三种不同的方法。空间方法是按所选用的灯具和光源，区分点、线、面和内透光等几种形式，时间方法一般是按季节或时间段变换光源色调或限定灯光。形态方法则是采用静态光或动态光，动态光是流动的灯光表现产生的动感效果。

4.3.3 桥梁夜景照明设计的内容（图4-4）

图4-3

图4-4

(1) 以灯光展示桥梁的形态特征和建筑风格，根据不同桥梁结构的特点，选择照明要素和合适的照明方法表现对象。

(2) 以光效改善桥梁的建筑外观，找准结构，确定配光方式，扬长避短。同时结合照度和色彩的表现方法给人以舒适感和艺术感染力。

(3) 灯具及其设备的配置应不影响白天的效果。灯具是桥面重要的硬质景观构成，灯具造型要与桥梁的建筑风格保持一致，同时还应注意表现地域特色。

4.3.4 桥梁装饰照明设计步骤

对桥梁整体装饰照明的设计宜参考以下步骤：

(1) 认真研究桥梁设计师的设计意图，确定桥的整体风格和公众形象期望，选择桥梁要进行照明的部分和照明方式。

(2) 考察周边区域的建筑物和照明水平，据此确定桥梁照明的亮度阈值。

(3) 考察桥梁的主要观测方向进行计算和布灯。

(4) 对各部分的照明查找相关的规范和标准，根据规范和标准的要求进行照明计算，确定光源和灯具的数量和种类。

(5) 设计过程要考虑各种基本原则的要求。

(6) 条件许可时宜采用多种风格和动态照明，即改变单一的照明形式，使用多元空间立体照明的方式。

4.4 光污染和光入侵的控制

4.4.1 光污染的控制

光污染通常指由于直接上射或反射的光线对视觉造成的干扰。设计时为控制光污染，有以下几种方式：

(1) 尽量减少或避免直接上射的光线。

(2) 将上射的光线尽量照射在目标上，避免光溢出。

4.4.2 光入侵的控制

光入侵是指光线照射到除桥梁以外的区域或其他建筑物上，对其他建筑物造成不期待的照明，或是由于过亮造成不舒适和失能眩光。控制光入侵可参考以下方法：

(1) 设计前应了解邻近区域的照明水平，考察是否有机场、铁路等重要设施，以此确定装饰设计的亮度。

(2) 选择灯具应具有严格控制的光分布，使用具有明显截止线的反射器。尽可能使用投光角的灯具。

(3) 认真选择装灯位置，使光输出能很好地投射到所预设的被照面上。

4.5 道路立交桥的夜景照明

城市立交桥是一种特殊的景观，在不同的位置观看桥景时，所看到的景观构成，会有很大差别。因此，在夜景景观设计时，应顾及全局，综合考虑，力求景致完美流畅。

立交桥夜景设计可从以下几个视点进行。

4.5.1 立交桥主视点

立交桥主视点即主要观看方向，可从两个方面表现，其一是从高处往下看，也就是俯瞰图，观赏者能看到立交桥的全景画面。立交桥主要是针对交通功能的要求而设计的，照明设计必须保证最便捷地疏导交通。其装饰照明设计，就车道而言，主要靠车道边缘的栏杆来表现。在进行分析、确定核心线条图案，衬托性线条和需要弱化处理的线条等的同时利用为车道边缘栏杆的线条，上下穿行和曲折拐弯来编排出灯光图案成为画面的主要内容。立交桥一般都是多层结构，因此在设计时要考虑每个层面的构图。在桥上安装的灯具必须经过防振性能检测，以免造成不良后果。景观画面中的绿地是美化环境的重要组成部分，装饰照明设计应充分利用绿地来提高景观的整体艺术气氛。

其二是从一定距离外，观察横跨车道的立交桥；所能看到的是桥及其附近的建筑物等单元组成的景观。立交桥所在的位置一般都是城市道路的节点；在进行夜景照明设计时，应该把立交桥和周边环境统一起来，把各个独立的景观元素作为整体景观场景中的角色来进行灯光塑造，使其形成线面结合，韵律起伏的美丽画面（图4-5）。

4.5.2 立交层隔空间

立交层隔空间一般都是比较局促和压抑，再加上桥结构不做表面装修，空间气氛冷漠粗糙。夜间，桥的里外亮度差别很大，容易造成危害，所以非常有必要在这个空间设置灯光。这部分灯光应视情况而设计它的亮度，但又不能破坏了整体效果，其光效果既要满足功能性要求，又必须符合装饰性的要求（图4-6）。

4.5.3 桥侧辅路区域

这个区域是由立交桥的侧立面和建筑物立面界定的道路区域，它包括车道、人行道和周边的绿地、树木、街道的公共设施。在这个区域设计灯光，一要注意桥的连贯性，形成上下呼应，具有竖向特点的照明形式，二要做好从景观向道路功能过渡形成上立交桥或下立交桥的提示（图4-7）。

图4-5 立交桥主视点

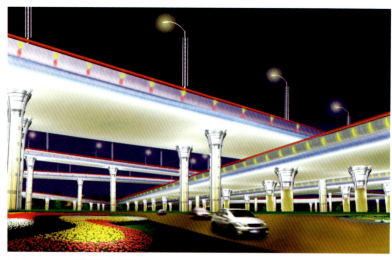

图4-6 立交桥隔层空间

图4-7 立交桥辅路区域

第三篇　城市道路和桥梁灯光环境设计方案与举例

第5章　照明设计文件

5.1　设计依据与原则

5.1.1　设计依据

（1）照明工程设计必须根据上级批件的内容进行，还应具备建设单位的设计要求和工艺设备清单，对于必要的设计资料，建设单位又提供不了的，照明设计人员可以协助调研，测试编制，由建设单位确认，作为建设单位提供的设计资料。

（2）照明电气设计必须严格遵照国家和有关部委及地方政府的法规、规程、规范和标准进行。

5.1.2　设计原则

照明设计的原则必须贯彻执行节能政策，各级领导和设计人员都应高度重视，在设计过程中应把电能消耗指标作为全面技术经济分析的重要组成部分，但节约能源，不应片面降低照明质量和忽视安全，而应在保证质量的前提下，以提高能源利用率和综合效益为主要途径。

照明设计中的节约能源工作，应从方案设计阶段开始，会同其他专业设计人员，搞好整个工程的节能工作，在设计方案中，应根据技术先进、安全适用、经济合理、节约能源和保护环境的原则确定，必须通过正确的计算，合理选择光源、灯具和控制器，尽量在不增加投资或少增加投资的前提下取得显著的节约效果，为确定节能设计方案，在作技术经济分析时，投资回报年限一般宜按5年考虑。

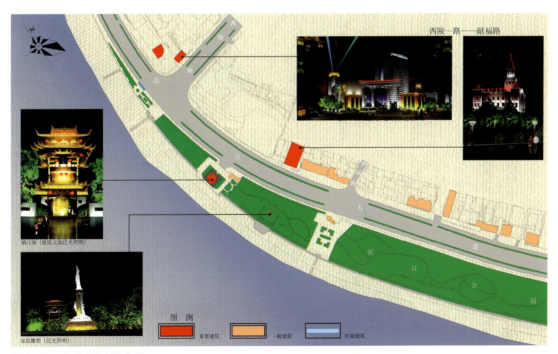

图5-1　方案规划图式样

5.2 方案设计

方案设计应按以下内容编制：

(1) 根据道路、桥梁的使用要求和工艺性设计，汇总整理有关资料，提出光源及镇流器，控制器等一切用电设备的总容量及各种数据，确定供电方式、负荷等级及供配电措施设想。

(2) 绘制供电负荷容量的分布，干线敷设方位等必要图样。

(3) 如配备有自动控制装置的，必须绘制出自控方案流程方框图。

(4) 绘制灯具分置平面图，并标出灯具形式。

(5) 估算主要设备费用，如较大工程需设计两种以上方案，并提出必要的技术经济指标进行对比和概算。

(6) 绘制照明平面效果图，遇工程复杂时，还应分区、分段进行重点照明设计。

5.3 扩初设计

按确定的方案，提出以下设计：

(1) 根据要求，按照明设计依据和方案设计原则，绘制供电点、干线分布图样。

(2) 按负荷分类，负荷计算结果，确定供电及控制方式，确定安装位置及分布情况。

(3) 阐述照明标准，确定照明场所的单位照度容量，采用光源和灯具的类型等，绘制必要的简图或表格。

(4) 根据光源及用电器件的容量，确定配电设备规模，绘制平面图及系统图。

(5) 详细绘制光色效果图，注明灯光角度及其控制眩光指数。

(6) 编制材料、设备和工程概算书，供用户订货用。

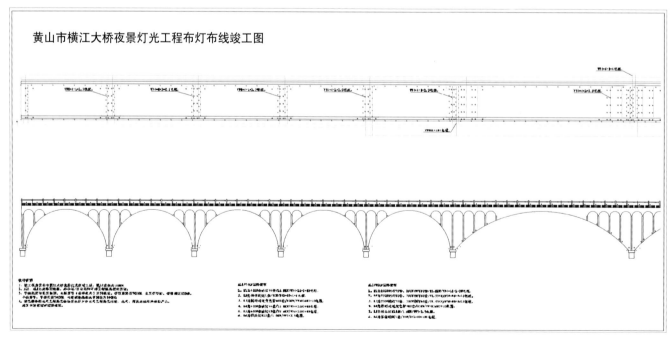

图 5-2 黄山市横江大桥夜景灯光工程布灯布线图例

第6章 道路桥梁灯光环境设计举例

6.1 珠海市迎宾南路灯光工程设计（图6-1～图6-4）

6.1.1 设计要求

(1) 营造热烈、隆重、喜庆的节日气氛。以拱北口岸和板樟山南山坡为突出重点，在灯光的使用上主要强调和渲染喜庆的气氛，但不宜过繁，要简洁、有现代感。口岸广场宜热烈些，至板樟山隧道口为一高潮。整条路的设计应充分表现出"温馨、浪漫、祥和"的气氛，使人有一种回家的感觉，切忌杂乱无章，华而不实。

(2) 充分体现珠海这一海滨城市的独特风貌。灯饰的选择，灯光的运用均应体现城市风格，在吸引其他城市的经验基础上加以创新，使整个灯光设计别具一格，令人耳目一新，整体照明设计具超前意识。

(3) 在灯光工程的设计中应兼具永久性与时效性，从长远打算，避免重复建设，便于今后灯光改建的施工和完善，使工程资金得到充分利用。

(4) 提倡"绿色照明"，强化环保概念，反映珠海美丽的环境特色，防止光污染。

(5) 灯饰除光源的采用上符合一定技术标准外，造型要新奇，以满足人们日益更新的品位追求，审美倾向应表现照明的文化性与艺术性，重视照明的装饰性和制造情调的精神功能。

(6) 高效、节能、安全，要考虑安装、维护成本及使用寿命。

6.1.2 设计效果

(1) 线的效果

新行道树：由于大王椰新植不久，姿态不甚优美，不宜过分强调，可预埋电缆及每株下预留一个接口，待树形完整后再启动投

图6-1 珠海迎宾南路俯瞰图

图6-2 路边建筑上的灯光壁画

图 6-3 板樟山隧道口

图 6-4 珠海迎宾南主视点

光灯；隧道段可以动感彩虹管缠饰树干上部；道路中央及两旁绿地，以散布的半圆形地埋灯照明草地，地埋灯间距10cm；以投光灯照明花木与绿篱，灌木每株设一灯；沿路照明由东西方向各延伸50cm。

（2）点的效果

板樟山南坡：绿地投光灯均匀照亮下全部树丛，中部裸岩山体由上至下垂直下3～4条宽20～50m的动感点壮灯带，形成"高山飞瀑，山灵水秀"之景。顶部用4套空中玫瑰，或中部用多组礼花灯装饰。

九洲大道交叉口：东南（佳能公司前）与东北（金牛广场）各设15组礼花灯。

龙城花园前与愚园前大榕树：各以4支绿色投光灯作通体照明。

御花园广场：植树植草，辟为市民休闲广场，设6组礼花灯。

粤海路口：东南设6组礼花灯，西北设15组礼花灯，西南设大型弧状主题花卉造景，高5m，以白色投光灯照明。

粤华路口：全部以动感满天星（单色或彩色）装饰树冠，建筑墙面及环境小品，可组成主题图案。

侨光路口：在东北、东南海关办公楼山墙各设置巨幅动感灯光主题画。

口岸广场：联检大楼墙体与屋面分别用金色、白色泛光照明，重点勾勒细部；关前广场设置4组各15支礼花灯，高度10～15m，灯柱底围置盆栽棕榈树；东北与西北沿车道外缘建曲线形水幕墙，高度5m，各长70m，顶部两侧放5组带光柱的广场高杆灯。

（3）面的效果

路旁高层建筑立面与大面积山墙以动感线灯、霓虹灯或泛光灯装饰。

6.2　宜昌市中心城区六条道路夜景照明规划设计（图6-5～图6-9）

宜昌地理位置居中，具有水运、铁运、公路、航空等综合交通优势，处于南北经济文化交往，东西资源要素对流的交汇处和过渡带，历来是重要的军事重镇和物资集散地。另外，宜昌还是一座有悠久历史的文化名城，是巴楚文化的发祥地，拥有屈原故里、昭君故居、三国古战场等文化遗址，在宜昌这块古老而又年轻的土地上，水电资源得天独厚，是中国乃至亚洲水电资源最富集的地区之一。

6.2.1　规划设计的目的

根据宜昌独特的历史文化背景和规划道路"三纵三横"的布局，结合每条道路自身的特点，以及充分考虑现有灯光设施的利用，在强化和改善城市功能性照明的基础上，采用新型的、节能的、长寿命的、安全的、具有相当科技含量的现代化灯光材料，创造一个以人为本的城市夜景空间，进一步丰富金色三峡、银色大坝、绿色宜昌、璀璨电都的城市内涵。

6.2.2　灯光环境分析

宜昌市城市风貌的基本骨架是以长江水域和滨江公园为主体休闲、旅游、观光风景区，以宜昌中心城区"三纵三横"主干道，即沿江大道、胜利八路、夷陵路、云集路、东山大道、西陵一路及西陵一路开发区段为主体的景观主轴线体系构成。

经过开发建设，宜昌的城市建设已具规模，因此，如何发挥道路、桥梁的视觉资源，是规划设计中需要着重考虑的问题。城市的发展和建设是一个循序渐进的过程，不可能一蹴而就，城市灯光环境建设也一样，也需要一个过程，规划设计前，宜昌有部分建筑、道路、景点、桥梁

图6-5　宜昌市沿江大道

图6-6　宜昌市东山大道

图 6-7 宜昌市云集隧道入口

图 6-8 宜昌市西陵一路

已做亮化，这些灯光景观的建设为宜昌市的夜晚带来了现代化城市的生机，也为宜昌市未来的灯光景观建设提供了可借鉴的经验。

经现场调查分析，"三纵三横"道路路面的质量良好，其中沿江大道、云集路、西陵一路、胜利八路均设置有新颖路灯，且照度均已达到国家标准。但东山大道、夷陵路及西陵一路开发区段的路灯需要更换，两轴旁建筑物有轮廓灯或投光灯，而照明效果单一没有特色。道路两侧建筑使用功能复杂，主要有公建住宅、商业建筑等，并且各类建筑无明显分区，功能混乱。道路附近灯光夜景设施主要是广告灯和霓虹灯。如霓虹灯广告、牌匾广告、路灯灯杆广告、屋顶灯箱广告、公交站台广告等。

根据以上的调查分析，宜昌城市夜景主要有以下问题：①缺少统一的规划。从调查的情况看，灯光夜景没有与城市规划同步，照明的单位各自为政，自发行事，缺乏整体性和与城市内涵的和谐，没有自己的特色。②照明方法单一，没有统一标准和依据以及相关管理法规，条例管理制度尚不健全。③灯光隐蔽性不强，能源浪费明显，照明设计的功能性和艺术性不强。④照明光源，灯具和附属设备品种少，质量也有待提高。

6.2.3 灯光夜景总体规划

（1）规划设计范围及依据

规划设计范围为沿江大道、夷陵路、东山大道、胜利八路、云集路、西陵一路及西陵一路开发区段的灯光环境。

规划设计主要依据为：规划设计任务书、相关规范及技术标准。

（2）宜昌市灯光环境总体构想

①根据宜昌城市道路的自然格局和建设风格的特点，白天以绿化、整洁与美化构成第一轮廓线景观，夜晚以灯光夜景构成第二轮廓线景观。灯光的配置可以反映道路的轮廓，强化优美之处，淡化不足，同时也表现其特征，因此，可以通过灯光使道路在夜间焕发出新的生命力，给人以美感。

图 6-9 宜昌市胜利四路

②繁荣城市文化，促进城市文明，滨江风光是宜昌市的城市特色。灯光景观应发挥这一城市特点，展示城市风貌和自然景观，使城市的夜晚增添新的魅力。

③宜昌市灯光景观应在"有序"原则指导下进行，即根据不同区域的自然环境与建筑形态确定各自的表现主题，并在制定实施的技术方案中突出主题，围绕主题。这些表现主题一方面控制了灯光景观的基本品位和色彩取向；另一方面则能有效地避免在表现方法和表现效果上的雷同与层次混淆。

④根据以上构想，宜昌市灯光环境的总体定位，不应是杂乱无章的"灯光夜市"、低层次的"灯红酒绿"，也不是临时应景的"星星点灯"或者是无所选择的"彻夜通明"。其道路灯光环境的建设应立足于高起点，着眼于21世纪，融于科技、文化艺术、信息广告及灯光色彩于一体，体现文化品位，使市民和游人在夜晚置身于浓郁的艺术和安全的交通环境之中。

6.2.4 各路段详细设计

（1）沿江大道（葛洲坝——宜昌港）

沿江大道是一个特定的风景区。在观赏视线方面，既有主观赏的江内秀城，又有城内看江。在区域分布上既有是景观区同时又是观景区的状况。根据对该区域的地理特点和建筑特点分析，沿江大道的主题定位为："温馨典雅"。

为营造温馨安恬的气氛，本区域的灯光景观建设应与沿江建筑和绿化相结合。沿江建筑在表现手法上，尽可能采用新型节能灯，不用或少用投光照明，在沿江绿地设置有一定文化内涵的灯光小品，增加趣味性和新奇性。

水路景观：沿江灯带、码头、两桥一坝；

陆路景观：依街傍水的滨江公园，婉约秀色的磨基山及其高层建筑。

通过水路、陆路景观的分级灯光设计使整条沿江大道呈现典雅辉煌的迷人夜景。

①沿江灯带：在江堤栏杆上设置T5管贯穿整条沿江大道，使人从江船上或是在江对岸都可看到壮观的线状灯光景致。

②夷陵长江大桥：该桥结构新颖轻巧、棱角分明、外表光滑、色泽一致、线条流畅、造型美观。在桥的装饰照明中采用线型浅蓝色冷阴极发光管，沿不锈钢护栏按每1.2m的间距横向排列。构成点线光有序结合，使其有动感，有色彩变幻，有视觉冲击力。

③三江桥：配合桥体的维护，主要强化桥面路灯的功能性照明改造，适当考虑桥体的灯光表现。

④葛洲坝：因考虑到防水的因素，主要以线型光源如冷极管、侧光纤和LED灯对坝体主要层面勾画轮廓，同时辅以投光灯和顶部的长空利剑对几个大型输变电塔身进行照明，以达到层次分明，线与面结合体现其雄伟壮观的效果。

⑤磨基山：位于沿江南岸，顶部的电视塔是本次规划设计的致高点，故其天面轮廓线就构成了夜晚景观的重要组成部分。沿江脊道路安装庭院灯勾画出山体轮廓，集中灯光强化电视塔的亮度，并配以镭射爆光灯增强塔体的视觉冲击。

⑥沿江建筑组团表现方面，以高层建筑群为主要对象，并使其在亮度、色彩对比度等方面成为局部视觉中心，主要照明对象有高耸的国际大酒店、港监塔、庄严的市政府，也有舒展、浑厚的医药公司、人保、建行等大厦。其他建筑采用不同的局部灯光景观，形成富于变化的视觉轮廓线。

(2) 夷陵大道（西陵一路——胜利四路）

夷陵大道是以小型店面为主的商业街，高层建筑不多，以商业、办公、住宅为主，其中夷陵广场的人流比例高于其他区域，其周边的楼宇广告在制作尺度和表现亮化上应统一规划。该路段灯光主题定位于"古朴典雅"。

灯光表现总体要求，夷陵大道全线照明以新颖的路灯为基调，以夷陵广场为亮化高调区，以云集路天桥区域为次亮化高调区（或称高调引导区段）。道路周边建筑创造远近距离都美的景观效果。用轮廓灯或内透光来表现建筑的形态特征，再用局部投光照明来突出重点部位和细部，对高大建筑采用分层重叠布光的泛光照明来表现建筑物的形态，再用局部照明表现其立体感，同时采用现代照明的调光调色技术，营造与建筑物相协调的色调。

①夷陵广场：本处视野较开阔，九洲大厦为该路段的高层建筑，采用线型光源勾勒楼体轮廓，通过控制器使灯光形成动态效果。

②夷陵路天桥斜拉钢索，采用七彩光珠勾勒，光色渐进变化。

(3) 东山大道（胜利四路——葛洲坝）

在云集路、西陵一路、西陵二路交叉口可成为灯光景观的高潮，该路段建筑造型各异，街道对景的建筑轮廓线十分丰富。本路段主题定位为"气派绚丽"。

充分利用绿地的开阔视野，以灯光加以表现，同时用适当的灯光来装饰人行天桥。

本路段地处商业中心，其照明对象是综合型的，要求照度高、灵活、照明形式多样化。为此首先要把握重点和层次，做到热闹繁华，井然有序，重点和点缀相结合，道路两侧的灯光分三层布局。高层布置大型霓虹灯及灯箱广告，用建筑立面泛光照明、大型霓虹灯、灯箱形成主夜景；中层用具有特色的店面招牌和霓虹灯。

(4) 云集路（东山大道——沿江大道）

该区域是宜昌市主要商业区之一，其灯光设置应体现"亮丽华贵"之主题，这里的建筑造型独特新颖，在设计上，灯光形式宜多样化，光色则以暖色调为主，凭借灯光的纵深效果，以亮度和色彩变化展现其高潮和层次。

在建筑物的表现中，设置一定比例的线型光源或小型点光源，经过排列组合，构成明确、统一的空间几何图案，在视觉上形成高低、远近的灯光次序。

云集路全线照明以路灯为基调，以灯光装饰人行天桥。

入口处为单一光团，重点对道路沿线建筑、构筑物立面进行艺术照明，使其在光环境下比白天更具魅力。与夷陵路交叉口的人行天桥形成云集路的第二光团，对其周边建筑采用分层重叠布光的泛光照明来表现建筑物的形态，再用局部照明塑造其立体效果。环城北路交叉口的人行天桥则形成该路面的第三光团，为避免视觉上的重复，该桥采用线型光源勾勒，天桥周围建筑作为商业区景观高调区，突出重点，主次兼顾，明暗分布合理，层次感强，无眩光和光污染。

(5) 西陵一路（东山大道——沿江大道）

根据展示城市功能这一要求，该区域灯光设计为整体突出"精致秀丽"这一主题。

从整体上看，这一区域光色不宜太多，色彩宜简单，但表现手法应多样化，加强动感灯光设置。

一线：安装跨街灯饰，灯箱为动感画面灯箱，跨街灯饰以数码光源为基材，制成幻彩时光通道，光通道色彩每周内每天色彩均不同。

东西立面：夷陵路至珍珠路段采用店面照明和建筑立面照明为主的装饰性照明。

(6) 西陵一路开发区段（东山隧道——高速路立交桥）

该路段分为三个节点：东山隧道，三环广场，高速路立交桥。沿线建筑富有特色，层次丰富形成灯光设计的主要对景。根据其特点，灯光主题定位为"现代风貌"。

高速路立交桥，在桥体立面采用投光灯及T5管形成灯光景观，西陵一路开发区中央绿化带采用造型美观新颖的路灯和景观灯。邮电大楼用光纤进行勾勒。在广场显著位置增设一些灯光雕塑和小品。

(7) 胜利四路（东山大道——沿江大道）

胜利四路灯光主题定位"吉祥新奇"

全线照明以路灯为主，路灯灯杆处增加灯光广告牌，并在绿化带中设置灯光小品，同时在建筑物的灯光表现中使用线型光源和点光源以营造气氛。

6.3 深圳市布沙路灯光设计（图6-10、图6-11）

布沙路是深圳市画家村（南岭村）东西向观赏性极强的交通干道，文化气氛浓厚，沿路建筑井然有序，突出路灯造型，加强路面照度，用灯光及其灯具造型进行艺术再创造，增强它们在夜晚的观赏性，有着十分重要的意义。

设计时，将路灯灯杆排列整齐，路灯灯杆的上部插上一枝红梅，几朵含苞欲放的梅花，一只喜鹊登枝，这些以LED光源制作的灯具造型，有意无意间给这条光明大道，增添了许多喜庆色彩，"喜上眉梢"、"喜临门"喜鹊的寓意，道出了走上小康路的南岭村人民的心声，安装在红梅枝头的路灯，大大增加了路面的照度。

道路两旁的人行道以绿地和植物为载体，形成绿地规划、设计与灯光景观相结合的灯光图案，造型别致的庭院灯和生生不息的火炬灯交错布置，满足了游人夜间文化、娱乐活动的需要，体现了生机与活力。

6.4 黄山市五座大桥环境灯光设计（图6-12～图6-16）

(1) 光环境现状

黄山市主要桥梁已经进行了一些灯光建设，主要有：

①在部分桥梁上设置了路灯照明；

图6-10

图6-11

图6-12 黄山新安大桥

②新安桥、率水桥等设置了简易的装饰照明；

③沿江风景区有一些环境照明。

(2) 存在的问题

①缺乏总体规划，视觉中心不突出，没有体现桥梁的建筑风格，未发挥大型建筑组团在视觉上的优势，无明确主题，没能形成一定意义上的视觉"高潮区"，特别是桥梁灯光与市区的灯光景观无相互呼应关系。

②整体品位不高，光源大多暴露，60%以上的灯光为低质线型光源，带有临时性质。

③缺乏必要的专业灯光设计，表现手法粗糙，灯光景观显得无序，协调性差，灯光设置与建筑本身较少配合；灯光光色、照度、显色性与使用功能、目的缺少联系。

④没有新意和造景情趣，缺少与开放绿地相协调的、精致的、气氛温馨的灯光景区供游人游玩赏析。

⑤部分照明设施存在不安全隐患，控制方式单一，不利节能。

(3) 总体规划构思

在黄山市桥梁建设环境的基础上，结合黄山市独特的历史、人文、地理特色，充分保持和发扬其个性特征，并发掘和深化塑造其美的品质。以点、线、面的艺术表现手法来塑造和完成整个灯光环境的设计。

点、线、面在设计中的运用

①点，在本次桥梁灯光设计中为体现桥的特色，启用点光设计率水桥的三环方形结构。

②线，线光能表现物体的气势，黄山大桥以其独特的地理位置，用线光可营造其气贯长虹之势。

③面，横江大桥是黄山机场通向黄山市内一条主干道上的必经桥梁，也是展现黄山市的一个窗口，要体现黄山市

图6-13 黄山横江大桥

图6-14 黄山老大桥

图6-15 黄山率水大桥

图6-16 黄山黄口大桥

民喜迎天下客的精神面貌和古典桥梁的风格，设计中采用黄色和白色面光来塑造桥梁的结构，同时以彩色变幻的高科技线光点缀，使这座古老的桥梁融入现代气息。

6.5 常德市沅水大桥照明设计（图6-17、图6-18）

常德是素有"西楚唇齿"、"川黔咽喉"的历史古城，其"三山三水"中"三水"之一的沅水穿城而过，自然环境条件非常出色，沿线形态时而蜿蜒曲折，要么笔直通透，要么狭窄幽静，要么宽阔舒展，湖光山色，风光旖旎。江北城区是常德古城的核心区，也是全市政治、经济、文化中心和商业中心。坐落在这里的沅水大桥，横跨南北，全长2000余米，主跨1200m，形成城区的一大景观。

沅水大桥的灯光环境设计，力求与新规划的"两线一湖"（沅水和环城水系以及柳叶湖）融合。灯光设计对大桥的建筑规模、高度和形式都

进行了规划与限制，目的是为了保持良好的城市滨水景观线。当夜幕降临后，依据光线照射的强弱变幻、色彩搭配等特点，把沉没在黑暗中的大桥勾勒出来，突出大桥的特有形体风格，形成一个不同于白天的整体效果，给观赏者留下美而深刻的印象，成为常德城区夜景中一个标志性景观。

整体立面完全采用灯具及其光色的变化，使其充满画面，当灯光打亮时，犹如航行的船，乘风破浪，溅起朵朵浪花，光色扑朔迷离、时隐时现。灯具的安排，将点、线、面发挥得淋漓尽致。立面长方形灯具与圆形点状灯具都采用内透光。线状光源的冷极管镶嵌，桥拱边缘以LED点光装饰，上部护栏的灯光装饰又好像是"五线谱"，整个画面让人不由得产生出无数联想，是破浪乘舟，是航行号角，是改革进行曲……

桥体立面设计大幅灯光壁画，中间几处桥墩上部的倒三角结构处依次制作出绿地、森林、沙滩、江水的自然风光。意在将沅江沿线景观浓缩，表现我们生活大自然，并与之融合。用泛光灯将其打亮，植物、动物、白云、水等用动态灯光的方式进行处理，使之成为与白天绝然不同的效果。护栏栅栏是我们特制的一款灯具，灯具形如一排飞翔的海燕，灯体用内透光，呈白色，两翼用不锈钢片制成。整体格调新颖独特。灯光色彩宜人，画面充实，既是自然造化，又突出了人文风情。

6.5.1 景观照明设计

设计构思

图 6-17

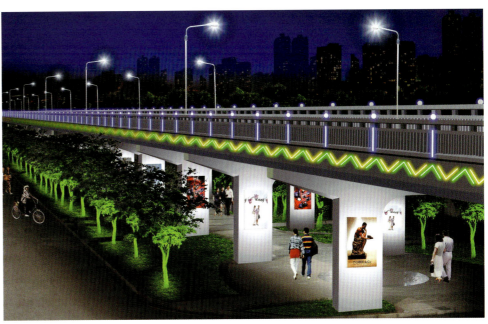

图 6-18 常德沅水大桥辅桥

根据招标书中的设计原则并结合我们以往进行道路桥梁照明的成功范例，采用多种照明手法，对桥体、桥墩、护栏进行精心的照明，力求不仅要体现大桥的雄姿，产生壮观的照明效果，而且要通过选择先进、优质的产品和现代的控制方式，科学地使大桥的夜景在灯光变幻中呈现流光溢彩的诗意般的气氛。通过照明创造出一个具有时代烙印的自然人文新景观，以此为依托，带动常德城市经济的发展和文化的交流。

（1）桥体

沅水大桥的江面辽阔，周围环境比较暗，主桥表面是白色，立面的照明亮度相对来说是高的。因此，我们采用中间色调4000K色温的金卤灯进行照明，在这一光色照明下，整个桥体雪白如银。中段路桥两边各装5个5m高的柱状灯具，灯具之间相距7m。其2/3处是内透光，灯具顶部安装了色温在5000K以上的"长空利剑"，灯光演绎中，10根光柱向两边江面徐徐展开，时而像大鹏展翅，时而像剑刺苍穹。桥两端四边各有4盏呈平行四边形的灯具，向南北两向张开。灯具占具1/2的内透光环，抬眼望去，极具张力。在此位置，同时安排了4柱"长空利剑"

呈45°角向中间照射。光照汇聚到中央，与中部灯光结合，犹如索拉桥，突出了雄伟的气势。

(2) 护栏

在外立面护栏栅栏上安装冷极管，光源呈蓝色，人行道内侧护栏边用T5管，光源通亮时，形成一条连续光带，使整座大桥更加旖旎。

(3) 桥墩

在桥墩与桥梁结合处安置泛光灯，使光色均匀漫射铺开，中间5~6个桥墩之间以黄光打亮，两边桥墩敷以蓝色。光色相互穿插汇合，使江面呈现五彩缤纷的灯光色彩，甚为宜人。灯光的衬托，使整个大桥变得蔚为壮观。

6.5.2 交通照明设计

桥路面宽20m，四车道，其中人行道2.5m宽。以路灯对称布置方式，采用250W高压钠灯EURO-2照明，灯杆高度10m，造型以三片风帆式向内单挑，挑臂长为1.5m、1.2m和1m，灯具仰角10°，灯具的最大光强方向和垂直方向的夹角每对截光灯具为55°，灯杆间距24m，引桥部位灯间距30m。主桥中段灯杆与灯杆之间1/4处牵拉钢丝绳，绳上中端串5节冷极管。

6.6 天津王顶堤立交桥灯光环境设计（图6-19）

王顶堤立交桥夜景灯光亮化工程是天津市市政重点工程之一，也是天津市中环线九座立交桥亮化工程中几座大型立交桥之一，按照设计思想并结合市里要求，采用六千多个LED七彩灯装点桥梁，用如此众多的LED灯光装饰桥梁，这在我国尚为首例，不仅美化了环境而且达到了大量地节电节能的效果。桥下用金卤投光灯投射桥柱和桥底板，并有选择地将部分桥柱用广告灯箱装饰，装点后的王顶堤立交桥格外靓丽、气势恢弘。

图6-19　王顶堤立交桥灯光环境设计效果图

施工组织方案设计

一、工程概况

1.工程概况

王顶堤立交桥夜景灯光亮化工程是天津市市政重点工程之一,其主要工程量见表6-1。

2.施工条件

(1) 施工期限

合同签订后即刻进场,开始施工准备工作,25个工作日竣工。

(2) 自然条件

工程施工期间月平均气温为:25℃,最大相对湿度98%。

(3) 技术经济条件

交通条件：工地位于市区,施工中所有材料设备均可经公路直接运进工地。

施工中用的水、电经主体工程建设单位同意后均可从其现有设施中引来。

施工期间所需的劳动力均能满足需要,由于本工程距公司生活基地不远,工期较短,在现场不需设置工人居住临时房屋,但需搭建临时工棚用于放置材料和工具。

二、工程实施步骤

1.施工准备

根据本工程的规模和特点,进行技术准备、物资准备、劳动组织准备、施工现场准备和施工场外准备,见表6-2。

主要工程量表　表6-1

工程名称	单位	工程量
管槽开挖	m³	1856
线管敷设	m	34000
管槽回填、修补	m³	1856
电缆、电线敷设	m	50000
灯具安装	套	6622
配电箱安装	台	6
控制平台	台	1
灯光调试	天	5

施工准备工作计划表　表6-2

序号	准备工作项目	简要内容	负责单位
1	技术工作准备	1.熟悉图纸,图纸会审 2.调查研究自然经济条件 3.编制单位工程施工计划	工程部
2	劳动组织	1.建立组织机构 2.组织劳动力进场 3.计划交底,开好三会	计划部
3	物资准备	见材料计划表	采购部
4	现场准备	清理现场,拆除现场障碍物	施工部

2.熟悉、审查施工图纸和有关的设计资料

(1) 设计图纸是否完整、齐全以及设计图纸和资料是否符合国家或区域的卫生、防火等规范要求;

(2) 设计图纸与设计说明内容上是否一致,以及设计图纸与其各相关部分之间有无矛盾和错误;

(3) 设计图纸与建筑现场在平面尺寸、标高、管线排布等方面是否一致;

(4) 按设计图纸中的材料、工艺、施工难度了解现有市场状况,检查现有施工技术水平和管理水平;

(5) 审核施工合同与施工项目是否一致。

3.原始资料调查

(1) 当地可采购的材料状况，能源和交通运输状况，当地生活供应和医疗卫生状况，当地消防、治安状况，其他施工单位状况；

(2) 确认业主对施工图纸、材料是否有变更要求。

4. 施工布置

(1) 人力、物力、财力的统筹安排；

(2) 现场规划：临时工场、办公、库房、卫生、通信；

(3) 制定现场各项管理制度；

(4) 确定各工种的进场顺序。

5. 过程控制

根据施工现场的实际核定、当地材料的供应状况以及业主对施工现场的总体安排，确定并策划直接影响施工工艺、施工质量、施工安全、施工进度的过程，确保这些过程在受控状态下进行。

三、工程质量保证措施

(1) 切实贯彻设计意图，严格图纸的深化，进行施工组织方案编制，施工组织方案由业主批准后严格按方案进行施工；

(2) 严格按照设计图纸的要求采购符合安装要求的合格材料并进行检验，须在满足施工质量和装饰效果的前提下，才考虑零星材料的调剂使用，并加强施工机械设备的检修，完善作业条件的准备工作；

(3) 选派足够数量的技术工人，以确保施工质量的持续稳定；

(4) 建立有效的质量管理系统，进行施工技术交底，严格按照设计图纸和规范、规程施工，除强调操作工人做好质量自检互检工作以外，另配备专职质量员，以利于及时发现问题并及时处理，同时，不定期地随时进行抽查，加强质量监督工作；

(5) 加强验收制度，前道工序的工程质量必须得到下一道工序操作人员的认可，切实做到谁施工谁负责，每道工序施工完毕须在业主认可后，方可开始下道工序的施工；

(6) 凡属国家尚无明确施工规范和验收标准的项目，应充分尊重业主和设计师的意见，随时接受他们的检查，并做到一旦发现质量问题立即加以修正；

(7) 根据本工程工期短、标准要求严格的特点，主材公司组织加班加点生产，以便保证材料质量和供货时间，订货前制定样板，经业主认可后再实施。

四、技术保证措施

1. 基本原则

(1) 严格按照施工图纸及施工材料说明要求进行施工；

(2) 建立强有力的施工管理班子，统筹指挥；

(3) 严格控制材料质量，凡进场材料均应与样品相符，有条件的均需有质保书；

(4) 严格按照设计和施工规范施工，做好开工前的技术质量交底、施工自检互检、交班检验、技术人员跟班检查制度，分项工程完成后进行质量检查和评定；

(5) 做好施工样板，经有关人员认可后实施分项工程。

2. 技术管理

(1) 组织力量做好施工图纸会审工作，及时解决图纸上的问题，由项目总负责人管理协调；

(2) 由专人负责各单项施工方案及工艺卡编制，并结合施工实际，严格复审、跟踪检查；

(3) 组织加工订货审样小组，统一管理内外加工订货事宜，执行加工订货复验制度；

(4) 施工过程中，注意信息反馈，认真积累技术资料，以便随时修订施工方案；

(5) 每天开一次技术碰头会，汇总当天出现的技术问题，由项目总负责人统一协调。

五、工期保证措施

1.组织保证措施

（1）为本项目设立的项目部成员，均承担过多项大中型建筑灯光、道路桥梁、广场亮化工程的管理工作，具有丰富的施工现场经验；

（2）为本工程选派的技术工人，均是本公司的骨干力量，根据施工现场的进度情况，随时调整流水施工组织和劳动力的搭配；

（3）建立健全现场各项管理制度，落实各层次进度控制人员的任务和工作责任，对影响进度的因素及时分析并随时采取相应的措施；

（4）根据工程实际进度情况和业主要求，本公司可增加作业人数或施工队数、施工时间，采取平行流水施工、立体交叉作业，以充分利用时间和空间，保证工程如期完成。

2.计划保证措施

（1）按照确定的工期要求，结合项目的特点进行分解，确定进度目标，建立控制目标体系，即总进度计划、单位工程进度计划和分部分项工程进度计划；

（2）根据施工进度的要求，编制劳动调配、材料供应、设备采购等进度计划（表6-3）；

劳动力需要量计划表　表6-3

序号	工种名称	最高需要量	工日及人数	
			工作日	人数
1	电工	50	35	40
2	钳工	30	24	12
3	焊工	18	15	8
4	普工	60	40	50

（3）建立施工进度检查控制系统，自公司总经理、项目负责人一直到作业班组都有专职人员负责检查汇报，统计整理实际施工进度资料，并与计划进度比较分析后进行调整。

六、施工现场管理制度

为进一步完善施工现场的管理，切实保证施工现场各项管理制度的执行，做到文明施工、安全生产的目的，特制定本条例。

1.进入施工现场须佩戴工作证，与工作无关人员，门卫有权阻止其进入施工现场；

2.进入施工现场须佩戴安全帽，身穿道路施工反光安全背心，没有佩戴者严禁入场；

3.施工现场严禁吸烟，不准光脚，不准穿拖鞋、高跟鞋，禁止在场内吵闹、喧哗及从事与工作无关的事情，工作时间不能会客。

4.施工现场应配备足够灭火器材，可燃、易燃物品要单独堆放，并有专人管理，临时用电由专职的专业人员管理、操作，禁止其他人员私拉、乱拉临时用电；

5.提高安全意识，对桥梁、路口及危险部位加设道路施工防护标志、网罩等设施，施工现场一定要悬挂警示牌，安全标语；

6.施工现场切实注意安全生产，3米以上的高空作业必须系安全带，并能正确使用劳保及安全用品，高空作业的脚手架、操作平台应稳固、可靠，正确使用人字梯；

7.未经允许严禁任何人携带材料、工具离场。

七、施工安全措施

1.项目负责人直接抓本工程的施工安全，并不定期派安全员到场检查；

2.进入施工现场必须戴安全帽、穿工作服，并正确使用个人劳动保护用品，在桥梁、道路施工必须佩带道路施工反光安全背心；

3．在现场的楼梯口、通道口必须有防护措施；桥梁、道路施工必须设置道路施工防护标志；

4．各种电动机械设备，每天开工前，必须先试运转无故障后方能使用；

5．严禁穿高跟鞋、拖鞋、赤脚进入施工现场，高空作业不准穿硬底和带钉易滑的鞋靴，不准往下或向上乱抛材料和工具等；

6．脚手架材料及脚手架的搭设必须符合规定要求；

7．电动机械和电动手持工具要设漏电掉闸保护装置，机械设备防护装置一定要齐全有效，非电气和机械的人员严禁使用和操作机电设备；

8．仓库、加工场及其指定严禁明火的场所，禁止吸烟，现场应有防火制度，安全标志牌和灭火器材设施；

9．施工现场和生活区内的电，均应采取集中控制分级管理的办法，确保无电器起火，宿舍内严禁私拉电线和灯头，在划定的临时食堂之外，不得另外设小灶动火，严禁使用电炉；

10．确定义务消防员，并加强操作制度，有备无患，确保不出现因操作不当引起的电器起火及明火引燃起火；

11．定期对施工人员进行安全教育，加强其安全意识，所有电动工具由专人负责接线、拉线，禁止其他人员因自行拉线接线造成超负荷用电，电动工具定员操作；

12．电工、焊工等特殊工种要有上岗证才能工作，电焊、气割开具动火单才能操作，现场施工人员需佩戴工作证方能进入现场工作；

13．只能在划定的吸烟区内吸烟，施工现场严禁吸烟，每日做好下班场地清洁工作，易燃品堆放在专门地点并洒水湿润，施工材料及垃圾不准乱堆乱放。

八、施工现场防火规定

1．施工现场的平面布置和施工方法，均应符合消防安全要求；

2．施工现场应明确划分明火作业、易燃材料、仓库、生活等区域；

3．施工现场的道路应保持畅通，夜间应设照明，并配备值班巡逻人员；

4．焊、割作业区与氧气瓶、乙炔瓶等危险物品的距离不得少于10米，与易燃、易爆物品的距离不得少于30米；

5．氧气瓶、乙炔瓶等焊割设备上的安全附件应完整有效，否则严禁使用；

6．焊工必须持证上岗，无证者不准进行焊、割作业；

7．属一、二、三级动火范围的焊割作业未经办理动火审批手续，不得进行焊割；

8．焊工不了解焊割现场的情况，不了解焊件内部是否易燃易爆，不得进行焊割；

9．各种装过可燃气体、易燃液体和有毒物质的容器未经彻底清洗或未排除危险之前，不准进行焊割；

10．有可燃材料作保温、隔声、隔热的地方，在未采取切实可靠的安全措施之前，不准焊割；

11．焊、割部位附近有易燃、易爆物品，在未了解情况或未采取有效的安全防护措施之前，不准焊割；

12．附近有与明火作业相抵触的工种在作业时，不准焊割；

13．在外单位相连的部位，在没有弄清有无险情或明知存在危险而未采取有效措施之前不准焊割；

14．施工现场的临时用电，就严格按照用电的安全管理规定，加强电源管理，防止发生电气火灾和人身伤亡事故；

15．施工现场的可燃、易爆材料要堆放规整，保持良好的通风，悬挂灭火装置和警示牌，由专人管理；

16．施工现场的废料要及时清理干净。

九、文明施工规定

1．进入现场施工，统一穿着公司的工作装，佩戴胸牌；

2．按划定的区域放置材料及设备；

3．按指定的地点堆放垃圾，做到人离场清；

4．为了降低现场施工噪声，所需材料的切、割等工序尽量在工地临时车间内完成；

5. 禁止在未经允许的时间及场地施工；

6. 遇有与其他单位交叉施工或需配合的工序，要听从现场负责人的统一协调。

十、材料供应措施

1. 严格订货制度

准确：材料品种、规格、数量与设计一致；

可靠：材料性能、质量符合标准；

及时：供货时间有把握；

经济：材料价格应低廉。

2. 严格入库手续

（1）经检验质量不合格或运输损坏的材料不能入库；

（2）材料保管要因材设库，分类堆放，按不同材料各自特点采取适当的保管措施，对制品要注意防潮、防晒、防鼠，对油漆及稀料要单独注意防火，对灯具制品要注意防撞击；

（3）小件物品、贵重物品要装箱保管，防止被盗。

3. 严格出库手续

班组凭施工任务单填写领料单，办理材料出库手续，实行材料领用责任制，专料专用，完成工作量的70%时，进行库存清点，严格控制进料，施工剩余材料要及时组织退库。

十一、成品保护措施

1. 对成品和半成品的领取要有计划；

2. 成品和半成品有专门的场所进行放置，在放置过程中必须用包装箱包好，特别注意成品的边、角、面的保护，严禁叠放；

3. 对成品和半成品的放置场所实行专人看管；

4. 在成品和半成品的搬运过程中，必须用包装箱包好、慢行、轻放、禁止碰撞；

5. 成品布置在半成品完工后进场；

6. 半成品制作喷漆时，用报纸对四周进行遮掩保护，防止喷漆污染其他部位；

7. 成品和半成品不得靠近焊接或明火部位放置，如有可能，请业主或总包提供如下帮助：

（1）垂直运输设备；

（2）施工临时用水、用电接至相应楼层；

（3）材料临时堆放场地。

第四篇　道路照明器的选择配置及设计应用

第7章　道路照明器的种类及应用

道路照明灯具有三种类型，即常规灯具、链式灯具和投光灯具。常规灯具安装在灯杆上、墙壁上，它的发光方向沿着道路走向；链式灯具悬挂在钢丝绳上，发光方向主要是横跨马路的；投光灯具主要用于高杆照明，如立交桥等。这些灯具基本上都是属于功能性的。随着城市建设的发展，当今城市都注重亮化与美化相结合。因此除使用上述灯具外，城市道路和桥梁照明还出现了装饰性照明灯具。这些装饰性灯具的造型都比较新颖别致，外表美观。装饰性照明灯具一般都安装在人行道、道路护栏和桥体、缆索等部位。

7.1　道路照明器的主要性能和指标

7.1.1　光度指标

光度指标包括光强分布，光输出比和灯具亮度。光强分布指标要求确保光线覆盖在路面上，具有较宽的范围，但也不是越宽越好，光强分布曲线应均匀平滑。路灯的分布一般是投射距离为高度的3～4倍。光输出比即灯具效率，一般应大于60%。

7.1.2　耐热性能

灯具各个部件及透光材料都应能经受光源燃点时产生的热量。为了降低灯具的温度，需要采取一些措施，如加大灯具的容积（尺寸）或增加表面散热片，这样可以延长光源和灯具的使用寿命。尤其是大功率灯泡灯具更需要注意。

7.1.3　机械强度性能

灯具外壳及零部件要有较高的机械强度，有抗风能力，运输安装过程中应不易损坏，要有较长的使用寿命。机械强度好还能保证光分布不变，确保照明质量。

7.1.4　电器性质

灯具应安全可靠，当操作人员触及灯具的各个部位时不应发生触电事故。按照国际电工委员会（IEC）和国际电气设备标准审查委员会（CEE）规定将电冲击防护等级分为4类。其中，一般绝缘且无接地保护的灯具不能用于路灯。路灯灯具采用加强绝缘时，可无接地保护，也可采用整体功能绝缘并装有接地端子。

灯具导线的最小截面必须能承担全部电负荷。导线绝缘应能满足灯具的最高启动电压，并应能承受高温。灯内导线应设接线板和固定卡子。

7.1.5　防尘、防水、防腐蚀性能

为了减少灰尘、昆虫等污物在灯具内外表面沉积，采用封闭式灯具比开敞式灯具好得多。有的灯具常有呼吸器，当灯具点燃与熄灭其内外因温度变化而出现压力差时，污秽物有可能穿透外罩嵌入灯具，但这种灯具密封只通过呼吸器透气，对灰尘和潮湿起到阻隔作用，使腐蚀性气体、潮气、灰尘等不会侵入灯具内。

在腐蚀性气体环境中，当有潮气存在时会产生强烈腐蚀性混合物，灯具壳体应采用耐腐蚀材料，如铝、玻璃钢等，或涂上保护涂层。

7.1.6　灯具的造型、重量

灯具造型应对环境有装饰作用，是美化环境的重要组成部分。因此，重视灯具的造型艺术及与周围环境的协调，以实现总体风格的统一。灯具重量要轻，装拆方便，利于维护。

7.2 照明器的光度分类

CIE 提出按射程、扩散和控制三个特征分类。

1. 射程

射程是由灯具正下方垂直线与光束轴的夹角（v_{max}）所决定的。光束轴是在最大光强的垂直面上，两个 90% I_{max} 方向夹角的平分线上（图 7-1）。v_{max} 表示灯具的射程。

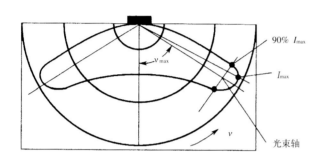

图 7-1 "射程"的定义

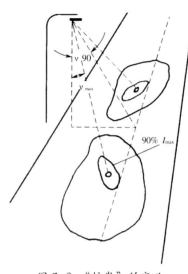

图 7-2 "扩散"的定义

2. 扩散

扩散表示光线在道路横方向上扩散的程度。路面上以 90% 的 I_{max} 等光强曲线相切的最远一条与道路轴线平行的直线，这条直线位置用角度 v_{90} 表示（图 7-2）。

3. 控制

这是由眩光控制指标 G 中的灯具性能确定的，以特殊灯具指数 SLI 表示。CIE 批准的指标列在表 7-1 内。

CIE 在 1965 年制定的道路照明灯具按截光型、半截光型、非截光型三种类型分类，见表 7-2。

CIE 灯具光度特性分级系统　表 7-1

射　程	扩　散	控　制
短 $v_{max} < 60°$	窄的 $v_{90} < 45°$	有限的 $SLI < 2$
中 $60° \leqslant v_{max} \leqslant 70°$	平均的 $45° \leqslant v_{90} \leqslant 55°$	中等的 $2 \leqslant SLI \leqslant 4$
长 $v_{max} \leqslant 70°$	宽的 $v_{90} \leqslant 55°$	严格的 $SLI \leqslant 4$

CIE1965 年制定的灯具光强分布类型定义　表 7-2

灯具类型	最大光强方向	在 90° 和 80° 方向上所发出的光强最大允许值	
		90°	80°
截光型	65°	10 cd/1000 lm	30 cd/1000 lm
半截光型	75°	50 cd/1000 lm	100 cd/1000 lm
非截光型	—	1000 cd	—

第8章 道路和桥梁灯具应用

8.1 灯具的选择

道路照明包括道路、立交桥及跨水桥及广场等处照明。选择灯具应考虑功能性与装饰性，或同时考虑两种因素。

8.1.1 各种类型道路灯具选择

1. 机动车道主要采用功能性灯具，快速路、主干路需要采用截光型、半截光型灯具，次干路、支路采用半截光型灯具。灯具对光出射角度应严格控制。

2. 商业街道路、居民区道路、人行地道、非机动车道采用装饰性好并与功能性相结合的灯具。

3. 立交桥高杆照明一般选用泛光灯。

4. 跨水桥和立交桥缆索及护栏可采用装饰性好并与功能性相结合的灯具；在首先保证灯具性能指标的基础上，考虑灯具的外形，使其颜色、材料、尺寸和样式与桥梁整体的外观及夜视照明效果相协调。

5. 在照度标准高，空气中含尘量高，维护困难的场所宜选用防水防尘性能较好的灯具。

6. 腐蚀性环境宜采用耐腐蚀性好的灯具，振动场所宜采用减振性能的灯具，有很好的防振功能，同时应具有高机械强度。

7. 装饰灯具的光输出分布应严格符合照明设计的要求，严格控制输出角度，使光线尽可能多地照射到被照目标上，防止给路面交通、水运和航空造成直接眩光和其他光干扰，同时减少光溢出所引起的能源浪费。

8. 选择投光灯具时，应考虑以下若干方面：

（1）尽量选用效率高的灯具，即光束角效率高的灯具。

（2）灯具有对称配光和非对称配光。对称配光有旋转对称和上下对称及左右对称。非对称配光一般是上下不对称而左右对称。非对称灯具对斜投和远投都是有利的，利用效率高。

（3）近投采用宽配光或中配光灯具，远投采用窄配光灯具。对于高杆照明，一般选择灯具的水平角较宽，垂直角可宽可窄，按需要选用。

（4）投光灯具用于道路，应适用各种气候，尤其防水防尘的等级至少需要满足 IP53 防护等级。

（5）灯具的前盖玻璃最好用钢化玻璃，耐高温和雨淋。如选用有机玻璃，不仅要耐高温还要有足够强度和在紫外辐射下稳定工作。

（6）灯具要坚固耐振，不能以阵风引起高杆的振动或灯盘升降时的振动导致零部件松动脱落，甚至灯具解体。此外不能因光源热量而引起任何部位变形，破坏正常工作。这些都是因高杆灯设置环境与其他不同而必须考虑的。

（7）灯具的反射器应采用高纯铝板，并经抛光加工制成，以提高灯的效率。

（8）灯具壳体及各种紧固件或铰链夹子

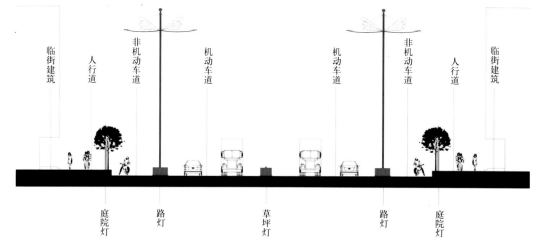

图 8-1 灯杆及布置断面图

等，均应有耐腐蚀性能。

（9）灯具应确保锁定在设计位置，并且易于调整角度和灯泡位置，灯体上并设有调整标记。

（10）灯具应便于清扫维护和更换灯泡。

8.1.2 灯杆的选择

1. 灯杆的选择

灯杆的高度一般在 7～45m，10m 以下为小型杆，20m 以下为低杆，20m 以上为高杆。道路照明一般采用低杆或小型杆。

灯杆可采用钢杆或水泥杆。钢杆有美观、轻便、强度高、施工方便等优点。钢杆截面有圆形、多边形等。灯杆还有等径式、分段变径式、连续变径式（拔梢式）。连续变径式灯杆外形美观、节约金属材料，且风阻小，受力小。

灯杆一般是采用分段组装施工，每段长度约 5～12m，可焊接和插接。插接必须在插接处加内套管。内套管与下段钢管焊接，上段插入后再用螺栓固定。插入深度为 1.5～2 倍杆径。

发达城市低杆灯柱已不采用水泥电杆，而采用钢杆、铝合金多边形灯杆，而且大多数采用直埋法安装，而不采用法兰盘固定方式。这种方法效果相同，但法兰盘固定方式需要螺栓，移动比较方面。

拔梢杆的锥度在国内一般为 1%，在国外为 1.5%～2%。锥度大时节约材料，降低杆重，减少风阻面积，效果比较明显。

灯杆的强度和抗风载能力应进行严格测试，尤其在多风地带常应慎重选择灯杆的高度和材料。

桥梁灯杆的基座要求能与桥面有坚实良好的连接铆合，确保路灯基础扎实、安全。灯杆的植入不可破坏桥体的结构，应在结构设计时考虑预埋。

2. 灯杆高度的选择

高杆照明系统的灯杆高度取决于被照明面积的大小、眩光状况以及现实环境可能安装的条件等。此外，高杆照明系统的造价高，从经济角度分析并非都是合适的。因此，可从以下方面考虑，选择灯杆的高度。

（1）低投资，少成本

被照面积越大，要求灯杆越高。在照度标准不变的情况下，随着杆高的增加，光源的功率和数量都要增加，同时伴随有一定能量的损失。然而，灯杆高度高，灯杆数量可减少，投资也可减少。因此，灯杆的高度越高，运行费越高；而灯杆矮则运行费下降，但初投资增加。如何划分被照面和安装几座灯杆，应经过方案比较后再确定。

（2）满足限制眩光要求

图 8-2 灯杆的构造

考虑到限制眩光,灯具的（β + α）角不宜超过 70°。按照这个要求有下列指标:

$$D < \mathrm{tg}70° \cdot H = 2.75H \tag{8-1}$$

式中　D——灯杆至灯具主要强度最远投照距离（投照半径）(m);

　　　H——灯杆高度 (m)。

实际经验证明,投射距离越远,光损失越大,照度下降很多,极不经济。因此,投照距离宜在高度的 2 倍之内,即 $D \leqslant 2H$。投照范围是指光束角的照射范围,而光轴瞄准点应当比 D 值还要小。

3．灯杆的防腐

灯杆的防腐方法有热喷铝涂层、热喷锌涂层或用热喷涂层加涂料的复合方法(即在热喷金属层上再涂以防腐蚀底漆及 1~2 道乙烯基铝粉漆,能显著提高涂层防护效果)。

热喷铝涂或热喷锌涂能够长效防腐的原理,首先是喷涂的金属层起到封闭隔离作用;更重要的是铝、锌金属和被喷涂的钢基体构成了一对微电池,铝、锌为钢基基体提供阳极保护,而铝和锌在多数大气腐蚀条件下,自身的抗腐蚀能力远比钢铁要好。

应当指出,薄的喷铝层耐腐蚀性比厚的好。

在喷涂层表面加涂防腐蚀漆后,防腐效果显著,因为金属涂层中存在微孔,加入涂料可渗入微孔形成铆接,增加涂膜层与保护结构的结合力。

8.2 高杆照明

8.2.1 高杆照明特点

将泛光灯具安装在高杆的顶部,以不同的照明灯具进行组合而形成的一种照明方式,称为高杆照明。高杆照明有以下特点。

（1）照明面积大。由于灯杆高,因而照射面积大。如一台 25m 高的灯杆,配置 8 盏 2 × 400W 宽光束非对称型的高压钠灯泛光灯具,在 10000m² 照明面积内,平均照度达 25lx 是很容易的。

（2）灯杆减少。采用高杆照明可使灯杆数量减少,清除了低杆照明的灯杆林立的不舒适感。尤其对停车场,使交通更加通畅,使人和车辆的活动面积增大,提高了场地利用率。

（3）便于维护。对于升降式高杆照明,由于灯架可以自由升降,维护时无需高架车,不占用正常运行车道,不影响交通的正常运行,给维护工作带来极大的便利。

（4）灯架造型美化城市环境。

图 8-3　路口道路照明

由于高杆灯气势雄伟，灯盘形状美观，在一定程度上美化了城市环境。

(5) 照明质量提高。对于面积较大的场所，低杆照明的照度分布很难均匀，而高杆灯就很容易做到均匀照明，光环境十分舒适。

8.2.2 高杆照明种类

高杆照明有两种类型，即固定式和升降式。二者的区别在于有无升降机构。升降式高杆照明系统由钢质高杆、升降机构、制动装置、灯架、泛光灯具、光源及电气装置等组成。升降机构主要部件有蜗轮蜗杆、滑轮、钢丝绳、小功率电动机以及鼓轮等。

高杆照明的维护方式有三种：即升降车式、内爬梯式和灯盘升降式。前两者属于固定式高杆照明系统。灯盘升降式具有广阔的市场。升降式灯盘安全性能非常重要，要防止灯盘钢丝绳断裂造成下滑伤人。

1. 灯盘自锁防坠装置

(1) 机械式，正常工作时，在钢丝绳拉力作用下制动器离开灯杆，当钢丝绳失去拉力时制动器将灯盘抱住，固定在灯杆上。

(2) 电磁式，当钢丝绳失去张力时或失去电源时电磁制动器工作，灯盘能自动制动。

2. 重锤配电平衡式

升降器采用重锤配电平衡式，变拉力为克服摩擦阻力，防止钢丝绳受力过大拉断。

3. 减少钢丝绳受力时间

当灯盘升至顶部后在重力作用下卡块摆出，将灯盘卡住，使钢丝绳平时不受力，防止长期受力钢丝绳磨损断裂。

4. 使用自动切断电源装置

卷扬机电动机配套合理，不应采用大马拉小车的电机。当传动机构过载时（钢丝绳被卡住等）线路保护动作切断电源，电机停止工作，同时制动器抱住灯杆。

5. 使用行程限位开关

灯盘升至顶部及落到工作面时应有行程限位开关，防止操作失误。

6. 增大钢丝绳安全系数

钢丝绳安全系数符合有关安全规程，一般应在10～12倍或更高。

7. 用高传动比减速机构

传动装置选用高传动比减速机构，以防灯盘下滑。

8. 划定安全距离

保持必要的安全操作距离，即设置一段控制线，使工作人员离开灯盘下方的位置操作。

9. 减少灯盘重量

高杆照明系统的灯盘造型尽可能简单，线条流畅，减少风阻。灯架的装饰物不宜过多，其重量越小越好。

图 8-4 道路照明

第9章 道路桥梁适用灯具及其技术参数

9.1 灯具的作用

灯具是将光源发出的光进行再分配的装置。光源裸露点燃是不合理的,有时甚至是不允许的。裸露光源会产生刺眼的眩光,光线不能全部照到需要的地方而白白浪费许多,甚至造成照明时的不安全。灯具的作用主要是:

(1) 保护光源免受伤害,并易于与电源连接。

(2) 控制光的照射方向,将光通量重新分配,使光合理利用,并造就舒适的光环境。

(3) 美化环境。

(4) 防止眩光。

(5) 保证照明安全。

9.2 适用灯具及其技术参数

作为道路和桥梁中的元素——灯具的选择,是一种"制约中的再创作",除了要求设计师具备整体性思维,还要求设计师能将设计的灯具纳入道路与桥梁一定的区域,使灯具的选择配置与总体布局及环境质量密切关联,最终达到环境整体性的统一,给人强烈的空间感染力。

涉及道路和桥梁照明的灯具的选择多达几十种,如何将它们做到最合理最恰当的搭配,必须对灯具的性能有较深刻的认识,这是必不可少的一个环节,下面就对道路、桥梁适用的各类灯具做一具体说明。

9.2.1 高杆灯

1.高杆照明的定义

室外大面积照明中照明装置的高度分为高、中、低三类,国际照明委员会(CIE)认为高度在18m以上为高杆照明。

高杆灯的标准

(1) ISO9001 国际质量体系认证标准

(2) 高杆照明设施技术条件 CJ/T3076−1998

(3) I.L.E Technical Report No.7 国际照明协会技术报告

(4) 民用航空行业标准 MH/T 6013−1999

(5) GB5001−2003 钢结构设计规范

(6) GBJ135−90 高耸结构设计规范

(7) GB50011−2001 建筑抗震设计规范,按8度校验

(8) 计算风压取值 $800kN/m^2$

(9) GB50007−2002 建筑地基基础设计规范

(10) GJ/T3076−1998 高杆灯照明设施技术条件

(11) 灯杆内外热镀锌,符合 ZBJ36011−89 镀层厚度不小于 $85\mu m$

2.高杆灯的设计要点

正确选择杆位

杆位选择合理时,可以消除撞杆事故,而且维护时不影响正常交通。

杆位选择合理时,可以以最少的灯杆数量,通过合理的布置,达到所需的照明水平。

合理选择杆体的形式

固定式——初期投资少,但维护时需使用高空升降车,维护成本高。

升降式——初期投资较高,维护方便,总体成本低。

倾倒式——初期投资高,只可用于有足够倾倒空间的场合。

合理选择灯具,光源及功率

采用截光型投光灯具,灯具的最大光强角度不超过60~65℃。

采用高效型高压钠灯,在一些强调显色性场合可采用金卤灯。

采用400W以上大功率的光源。

合理选择灯具的布置方式

一般有平面对称布置、径向对称布置和非对称布置三种布置方式。

摆正功能和美观两者的关系,首先考虑功能,在满足功能的前提下满足美观要求。

高杆灯的优点

(1) 照明灯具

根据不同的设计及客户的要求,可选配各种专业的高杆照明灯具,以确保整个照明系统长寿、可靠、高效。

灯盘

根据照明设计的要求和灯具的特点,遵循最小迎风面积的设计准则,并考虑美观大方的要求。

外置电机为大功率专用电动机,并带有远程外拉手柄,令操作更为方便。

(2) 升降系统

通过内置或外置的电机,可以方便地将整个灯盘降至地面,在地面进行维护,从而降低维护成本并提高维护的安全性。

采用叠加式双滚筒卷扬机构,有两根主钢丝绳,加倍安全。选用优质防旋绕不锈钢丝绳。

除滑轮和滚轴永久地固定在杆顶外,整个灯盘均可升降,所有的电器连接均在地面进行,以便在地面进行电气测试和维护。

采用中心定位装置,使灯盘在升降过程中,不会因风的干扰而来回晃动,同时有利于挂钩系统的准确定位。

灯盘升至顶部预定位置时,顶部设置的红色信号会给予指示,方便操作。

当灯盘升至顶部时,特别设计的挂钩机构会自动挂上,整个灯盘由固定机构支撑,钢丝绳即处于卸载状态。每个固定支撑可承受3倍于灯盘(含所有灯具)的重量,能确保足够的安全系数。

采用专业扭矩限制器,可提供机械式过载保护。

(3) 杆体

根据头部负载、迎风面积和设计风速,进行最优化设计。

选用优质钢材,并经热浸镀锌处理。

在杆体底部设置维护门,维护门经边缘加强处理,以确保强度。并提供专用门钥匙以防盗。

每套杆体必须配置避雷装置。

(4) 电气系统

专业的电气系统,防触电保护。

可增加智能化时间控制器。

常用升降式高杆灯照明

由于高杆照明的发展，老式的高杆照明方法已经逐渐被升降式高杆照明所代替，所以我们只对升降式高杆灯的特点做一些介绍说明。

升降系统一：灵捷型

机构简单，造型简洁，适合20m以下，负载较轻的系统。为长受力机构，无挂钩，可选配双滚筒卷扬机构。

升降系统二：全能型

适合绝大部分系统需求，最大杆体高度可达45m，负载最重可为1t。头部设有挂钩机构，可使灯盘上升到位后，钢丝绳卸载。

升降系统三：旋升型

适合环形均匀的灯具布置方式，负载最重可达1t。头部设有独特的旋升式挂钩系统，可使灯盘上升到位后，钢丝绳卸载。

特点：

具有体积小、重量轻、噪声低，配置有双重自锁功能新型串引机、防坠安全装置的新一代高杆灯，具有更高的安全性能。款式有：蘑菇形、球形、荷花形、伸臂式、框架式及单排照明等多系列数十种款式。其特点具有结构紧凑、整体刚性好，组装、维护和更换灯泡方便，配光合理，眩光控制好，照明范围高达3万m²。

所有高杆灯，其灯架均可分为功能形和装饰形二大类。整体抗风速能力在42m/s十二级台风以内，有足够的强度和刚度，且有合适的安全度，适应全国绝大部分地区的使用要求，产品需通过省部级及国家认定的检测机构检测，满足CJ/T3076-1998行业标准。

高杆灯必须充分考虑杆体不同的种类及其组成部分（含杆顶端的照明系统）给照明杆添加的阻力系数，整套装置的自振以及其在极度风速（阵风）频动条件下的卡尔曼振动影响，保证动态荷载、永久荷载和临时性荷载作用在高杆照明装置迎风面上时对杆体造成的压力不超越所用材料所允许的应力极限。

（1）球形高杆灯（图9-1）

特点：

球形高杆灯，采用不锈钢网架结构，网格分"米"字形和"口"字形。上半球如火球，效果强烈。

光源采用12×400W~1000W钠灯或金属卤化物灯

灯杆为优质Q235或65Mn钢板经模压成多棱锥形插接式钢杆，经热镀锌防腐处理。

灯盘骨架采用优质不锈钢制成。紧固件螺栓、螺母均为不锈钢。其标准为电器防护等级IP23，灯具防护等级IP54。

高压钠灯或金属卤化物灯外置式镇流器、触发器安装在灯盘内；更换或维修光源及其他电器时用专用扳手将电器打

图9-1 球形高杆灯

图9-2 世纪杯高杆灯

图9-3 双层多火高杆灯

图9-4 道路灯

开；控制箱设置于灯杆下部或灯杆内。安装时必须保证灯体安全接地。

(2) 世纪杯高杆灯（图9-2）

光源配置：12×1000W/400W钠投光灯或金属卤化物投光灯；

照明半径：40~80m；

灯杆高度：20~30m；

升降速度：2m/min，动力装置；

工艺：灯盘网架为铝合金材料组合件，阳极化后金光灿烂永不变色，棒芯、连接螺母和垫片全部采用不锈钢材料；

泛光材料：半透明热固型自洁纤维；

升降机械：采用两级齿轮减速与环面蜗杆、蜗轮减速组合方式，单有齿轮精度大于6级，表面硬度HRC大于65，具有承载能力大、传动效率高、噪声低，制动等级高达MM级。

自动安全保护系统：

1) 电磁抱闸和反向止动轮组成了双重安全保护；

2) 上下行程自动限位开关防冲顶保护；

3) 多级套筒自动定位技术，确保灯盘一次性准确定位或脱卸。

灯杆：有不锈钢复合材料或热浸镀锌灯杆两种；

保护接地：地基设置独立接地体与灯杆进行可靠电气连接；

智能控制：根据地区经纬度模拟日落日出规律自动调节全夜灯、半夜灯开关时间，超强抗电磁干扰，断电保护，电池使用寿命二十年。

(3) 双层多火高杆灯(图9-3)

特点：造型简洁，适用范围广。

全封闭灯盘，造型美观，照明效果好，光源集中，光照均匀，眩光小，光线符合CIE高杆照明标准，易于控制、维修。电动升降操作方便，灯盘升至工作位置后，能将灯盘自动脱、挂钩、钢丝绳卸载。照明控制有手控、光控、时间控制和微电脑控制。

光源：采用 $12 \times 400W \sim 1000W$ 钠灯或金属卤化物灯。

灯杆：

正边形锥形杆体；由优质低碳钢板剪制折弯自动焊接成型；灯杆表面热锌处理，起到防腐保证作用；灯杆底部开有电器门，内置自动升降机构和电器控制系统；专用门锁。

9.2.2 道路灯

随着现代化城市的发展，人们更加注意环境美化，更加注意城市道路的设施建设，道路灯具的设计自然成了城市中心美丽风景线。现代城市的道路灯具有着普遍的特点(图9-4)：

（1）灯具美观轻巧，灯体、灯盖大多以铝合金压铸而成，外表光滑，配合紧密、安装方便，灯罩一般都是采用钢化玻璃，透明度好，强度高，不易损坏。

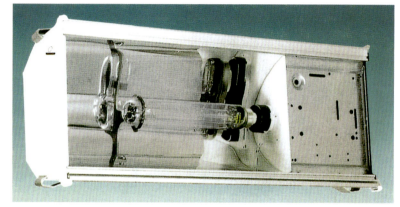

图9-5 隧道灯

图9-6 隧道灯效果

（2）灯具结构基本为内换泡形式，这种结构密封性能好，能防水、防虫类、防灰尘进入灯具内。

（3）灯具的反射器采用高纯铝拉伸形成，经电化抛光处理，使之反射率高，光学性能稳定，反射器内装呼吸器，确保光通量的高输出和降低反射系数的衰减。

（4）灯具与电器一体化，电器部分带保险装置。

（5）使用光源一般为100~400W不等的高压钠灯或金属卤化物灯。

9.2.3　隧道灯

隧道照明出现的视觉现象与一般道路照明不同，隧道照明要解决的问题主要是白天，由于在白天，特别在阳光下，隧道内外的亮度差别极大，因此，要解决的主要现象有黑洞效应和闪烁效应。

隧道照明灯具的防护等级取值为IP65，IP65的含义是：防尘达到6级，无尘埃进入；防水达到5级，往任何方向喷水无有害影响（图9-5、图9-6）。

9.2.4　草坪灯

草坪灯的配置主要用于道路周边的饰景照明，创造夜间景色的气氛，它是由亮度对比表现光的协调，而不是照度值本身。应该尽量避免光源产生的眩光，并避免产生均匀平淡的感觉，最好能利用明暗对比显示出深远来。

图9-7所示的这两款草坪灯为铝合金型材灯体、PC灯罩，造型别致优雅，可以随意移动，防水、防尘、防漏电、耐腐蚀。采用LED光源，有单色、双色、七彩色渐变、跳变等多种色彩组合选择。广泛用于道路四周、绿化带等场所的装饰照明，与环境和谐配置。

这两款草坪灯是采用POLY材料制作的仿石草坪灯和仿植物草坪灯，外形美观大方，贴近自然，特别适合置于休闲游乐场所、绿化带，白天是小小的景观，而夜晚点亮的熠熠灯火，则好像百花园绽放了七彩花朵。

9.2.5　泛光灯（图9-8）

这是一系列的大面积照明灯具。灯具外形新颖，具有极好的观赏性，适应能力强，同时具备良好的密封性能，可防止水分凝结于内，经久耐用。常用于雕塑、周边建筑及绿化植物带等处的照明。

特点：

（1）泛光或投光灯，可配金属卤化物灯或高压钠灯。

（2）压铸铝灯体，坚固耐用，具有极强的耐腐蚀性。

（3）配有高效反射罩。

（4）钢化玻璃有抗热及防振功能。

（5）防护等级IP67。

9.2.6　景观灯（图9-9）

城市艺术景观灯的设计，朝着艺术化、动感化和个性化的方向发展。艺术景观灯，将为人们提供设计师独特的创意。这种创意与所在地的特点、人文地理、用户需要有着紧密的联系，每个景观灯的诞生都是在详细分析景观灯的置放效果后而专门量身订做的。

东方明珠灯

东方明珠灯主要技术参数：

规格：$\phi 1 \sim \phi 2m$

外壳颜色：乳白色

图9-7　草坪灯系列

图9-8　泛光灯系列

图 9-9 景观灯系列

材质：PE、PMMA、PC
功率：100W～200W
色调：七彩变色
适用电压：220V
光源：冷阴极光源
环境温度：-45～50℃

风车灯

风车灯最高达10m以上，最大直径达4m，分别有仿中国草原风车（或风筝）、澳大利亚和西班牙农舍风车、法国风力风车等，风车灯除具有神形兼备的视觉效果外，还把现代声、电巧妙运用其中，让人耳目一新。

荷花灯

荷花，是睡莲科植物，中国人喜爱荷花，把它作为美的化身，已有三千多年的历史。唐朝诗人李白曾云："清水出芙蓉，天然去雕饰"。酷热的夏天，荷花娇巧含羞地挺出水面，婀娜多姿，清丽明媚，仿佛带来了丝丝清凉，阵阵幽香。根据人们的喜好和地方文化特色设计的荷花灯，一簇簇一丛丛盛开在城市广场里，其效果是不言而喻的。荷花花朵是用进口PMMA或PC材料制作而成，内置

图 9-10 庭院灯系列一

节能灯或气体放电灯光源；或用数码变色光管、七彩LED变色光源等通过微电脑控制变化出多种颜色，既可为其他的雕塑景观作点缀，亦可自成一特色景观。

荷叶灯

该款灯具仿植物荷叶形的造型，采用特殊材料PMMA或PC制作而成。在设计上采用几何三角的设计方案，外观有棱有角，精美而大方。

它那不可思议的曲线，给人带来强烈的视觉享受。

9.2.7 庭院灯（图9-10、图9-11）

在科技日新月异的今天，人们对于庭院灯具的认识，早已超出照明这种单一功能的观点，延伸到了利用高科技来表现生活和文化艺术这一层面。庭院灯在满足照明功能的前提下，充分运用高科技手段，融入周围环境之中，成为一道靓丽的风景。

9.2.8 灯光雕塑（图9-12、图9-13）

灯光雕塑的意义，已经不再是普通的照明工具。别致新颖的造型无不体现设计的精髓，理性中透出自然和艺术，感性中或表现其阳刚，或表现其阴柔，能充分展示城市的无穷魅力。作为景观灯光建设的新生事物，灯光雕塑是将各种光源与金属、塑料等多种材料巧妙结合，运用光的色彩、光的变化旋律，将灯光与现代雕塑的精髓完美地融合于一体，打破了采用单纯材料，在静止雕塑上用射灯照明的传统意义，增加了更多科技含量、艺术构思和制作工艺，运用电脑编程控制，让雕塑亮起来、动起来，使城市夜晚更加妩媚亮丽。灯光雕塑的运用，充分展示了城市的文化，代表了城市的发展。灯光雕塑作为一门环境照明艺术，在给人以艺术欣赏的同时，更能提升一个城市的文化品位，创造浓郁文化氛围。

9.2.9 太阳能灯（图9-14）

太阳能是完全利用太阳光及风力转换成电能的零污染能源，不必添加任何燃料，保护地球生态平衡。太阳能灯具主要作为夜间的装饰照明，适用于任何独立地区，且能依据地形及建筑物设计更节省的照明系统。

性能特点：

（1）靠太阳光照发电。

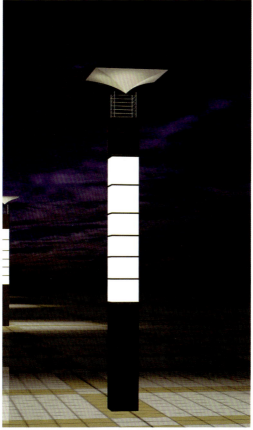
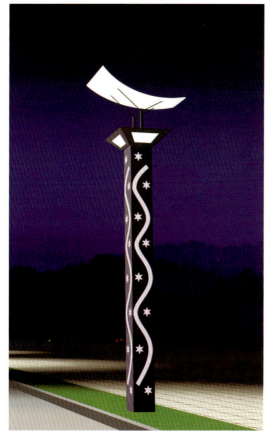

图9-11　庭院灯系列二

图9-12 灯光雕塑一

图9-13 灯光雕塑二

(2) 不接电源、不用线，省工、省料又安全。

(3) 铝合金压铸灯体、钢化玻璃灯帽，美观、典雅、抗老化，温度适应范围宽。

(4) 晚上自动开灯、天亮自动关灯。

(5) 干扰光自动识别；晚间灯亮时遇到汽车灯光、闪电光等，不会引起关灯或灯光闪烁。

(6) 自动定时控制。

(7) 工作时间长；晴天大于8小时，阴雨天不小于2~3小时。

(8) 控制系统和发光灯泡一体化设计，工作稳定，故障率低，易于维护。

太阳能与电光源

图9-14 太阳能草坪灯

根据太阳能供电的特点及电光源技术的发展状况，在采用单灯照明的场所，可按灯的功率大小来选择不同类型的光源。

(1) 50W以上的办公室照明可采用小功率金卤灯，其规格有50W、75W、100W、150W，光效大于80lm/W。

(2) 20~50W范围的宜采用T5型直管荧光灯，其规格有21W、28W、35W、49W，光效大于90lm/W。

(3) 功率在10~20W之间的宜采用T4型直管荧光灯，其规格有12W、16W、20W，光效大于60lm/W。

(4) 10W以下低瓦数的光源宜采用T2或T1型荧光灯，光效约50lm/W。

在太阳能电源推广应用上，与其相适应的电光源中，20W以下的小功率金卤灯尚在研制，而商品化的半导体发光器件（LED）的光效还很低，成本也相对过高。为此采用低压直流供电的小功率稀土节能灯代替5~60W的白炽灯较为适宜。

第五篇 照明灯具、配电系统安装，线路敷设及环境工程管理

第10章 绝缘导线、电缆的选择与敷设

10.1 绝缘导线、电缆的选择

（1）塑料绝缘导线。此种导线的特点是绝缘性能好，价格低，明敷和穿管均方便，可取代橡皮绝缘线。缺点是对气候适应性差，低温时变硬发脆，高温或日照下增塑剂容易挥发，加快绝缘体的老化。

（2）氯丁橡皮绝缘导线。这种导线的特点是耐油性能好，不易霉、不延燃，适应气候性能好，老化过程缓慢，比较适宜于室外敷设，但不宜用于穿管敷设。

（3）聚氯乙烯绝缘及护套电缆。这种电缆的主要优点是，敷设没有高差限制，重量轻、弯曲性能好；电缆头制作简便，耐油、耐酸碱腐蚀，不延燃。它可直接敷设在桥架、槽盒内以及含有酸、碱成分的化学腐蚀性土壤中，可代替低绝缘电缆，缺点是绝缘电阻较油浸纸绝缘电缆低，介质损耗较高。因此6kV重要回路不宜采用。

普通聚氯乙烯燃烧时散发有毒气体，因此有低烟的场合不宜采用。而应采用低卤或无卤难燃电缆。

普通聚氯乙烯电缆不适合用在有苯、苯胺类、酮类、甲醇、乙醛等化学剂的土质中。在含有三氯乙烯、三氯甲烷、四氯化碳、冰醋酸的环境也不宜采用。

近年来聚氯乙烯电缆线芯长期工作温度从65℃提高到70℃，载流量也相应提高。但选用时应注意制造电缆的绝缘材料是否满足要求。

对于有高阻燃要求的场所还可以采用阻燃型聚氯乙烯电线、电缆。其规格与普通型相同，仅在型号前冠以"ZR"表示。此外，还有耐火电缆，在电缆型号前冠以"NF"表示。

（4）交联聚乙烯绝缘、聚乙烯护套电缆。这种电缆性能优良，结构简单，外径小，重量轻，载流量大，敷设方便。

10.2 绝缘导线、电缆的敷设

10.2.1 电线、电缆的敷设方法参见国家标准《低压配电设计规范》（GB50054—95）第五章和《电力工程电缆设计规范》（GB50217—94）。这里仅作简要文字说明。

电线、电缆穿保护管敷设时主要有电线管（钢制TC）、焊接钢管（SC）、水煤气钢管（RC）、聚氯乙烯硬质电线管（PC）、聚氯乙烯半硬质电线管（FPC）、聚氯乙烯塑料波纹电线管（KPC）以及钢制线槽或聚氯乙烯线槽。

（1）电线穿保护管管径的选择

对于电线穿管，管内容线面积为1~6mm²时，按不大于电线管内孔总面积的33%计算；10~50mm²时，按不大于电线管内孔总面积的27.5%计算；70~150 mm²时按不大于电线管内孔总面积的22%计算。

（2）电缆穿管保护长度

电缆穿管保护长度在30m及以下时，直线段管内径应不小于电缆外径的1.5倍；有一个弯曲时，管内径应不小于电缆外径的2倍；两个弯曲时，管内径应不小于电缆外径的2.5倍。当长度在30m以上时，直线段管内径应不小于电缆外径的2.5倍。3根及以上的绝缘导线或电缆穿于同一根管内时，绝缘导线的总面积（包括外护层）不应超过管内面积的40%。两根绝缘导线或电缆穿于同一管时，管内径不应小于两根导

线或电缆外径之和的 1.35 倍（立管可取 1.25 倍）。

（3）绝缘电线在线槽内的容线面积

槽内容线面积按以下情况确定

① 作为配电线路线槽在墙上或支架上安装时，按不大于线槽有效截面积 20% 计算。

② 作为配电线路线槽在地面内安装时，按不大于线槽有效截面积 40% 计算。

③ 作为控制、信号、弱电线路线槽在墙上、支架或地面内安装时，按不大于线槽有效截面积 50% 计算。

强弱电线路不应同敷于一根线槽内。一根线槽内的载流导体根数一般不应超过 30 根，控制或信号线除外。

塑料线槽应为难燃型，氧指数应不小于 30%。

电线、电缆穿管时应按穿管最小管径的要求施工，如另有要求并标注管径或线槽规格时，则按设计图要求施工。

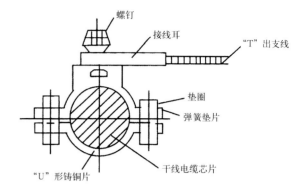

图 10-1 单芯电缆"T"接头大样

10.2.2 电缆线路的敷设，电缆可在排管、电缆沟、电缆隧道内敷设，广场电缆可以直接埋设

架空明设的电缆与热力管道的净距不应小于 1m。否则应采取隔垫措施。电缆与非热力管道的净距不应小于 0.5 m，否则应在与管道接近的电缆段上，以及由该段两端向外延伸不小于 0.5 m 的电缆线上，采取防止机械损伤的措施。

相同电压的电缆并列明设时，电缆的净距不应小于 35mm，且不应小于电缆外径，但在线槽内敷设时除外。

低压电缆由低压配电室引出后，一般沿电缆隧道、电缆沟或电缆托架、托盘进入电缆竖井，然后沿支架垂直上升。

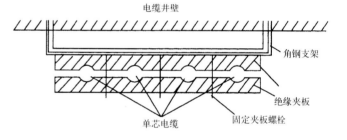

图 10-2 绝缘夹板固定单芯电缆

为了"T"接支线方便，树干式电缆干线应尽量采用单芯电缆。单芯电缆"T"接是用专门的"T"接头由两个近似半圆的铸铜"U"形卡构成，两个"U"形卡上带有固定引出导线接线耳的螺孔及螺钉。单芯电缆"T"接头大样，如图 10-1 所示。

电缆在电缆井道内垂直敷设，一般采用"U"形卡子固定在井道内的角钢支架上。支架每隔 1m 左右设一根，角钢支架的长度应根据电缆根数的多少而定。为了减少单芯电缆在角钢上的感应涡流，可在角钢支架上垫一块木条，以使芯线离开钢支架，此外，也可以在角钢支架上固定两块绝缘夹板，把单芯电缆用绝缘夹板固定，用夹板固定单芯电缆的安装大样，如图 10-2 所示。

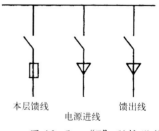

图 10-3 "T"形接线箱

采用四芯电缆的树干式接线，其支线的"T"接是电缆敷设中经常遇到的一个比较难于处理的问题。如果在每层断开电缆采用拱头的办法，在分层自动开关的上口拱头，则因开关接线拱头小而无法施工，对这种情况的处理办法一般是加装接线箱，从接线箱分出支路到各层配电箱，但需增加设备投资。对于简单的多层建筑，可采用专用"T"接线箱，其接线箱如图 10-3 所示，费用较低，但不够美观，容易受到机械损伤。所以，在水平敷设时线路距地面低于 2m，或者垂直敷设时在地面上 1.8m 以内的线段内，均应用穿钢管或塑料管加以保护。

第11章 照明灯具及设备安装

11.1 照明灯具的安装

对于道路和桥梁照明灯具的安装，应该着重研究它的防水、防风、防振性能和措施。与其他环境情况相比，其条件更加严格。除了电气结构的连接之外，灯具本身的防锈处理、绝缘措施、检查维修等也是重点问题。

11.2 灯具安装高度、安装间距、悬臂长度和仰角

（1）安装高度。灯具高度应根据灯具布置方式、路面有效亮度、灯具配光以及光源功率而决定。灯具安装高度越低，投资越低，但眩光增加。

（2）安装间距。灯的间距与灯具配光和安装高度以及路面纵向均匀度有关。安装高度越高，间距可以越大。增大间距可以减小路面亮度变化，从而改善驾驶员的视觉反应和视觉舒适感。

（3）悬臂长度。灯具悬臂长度决定了路面有效宽度（灯具和不设灯一侧路面边缘的水平距离称为有效宽度），也决定了灯具的最小安装高度。悬臂不宜太长，否则使路缘和人行道得不到应有的照明，对提高路面可见度也没有好处。同时，悬臂过长会使造价提高，并影响美观。CIE规定悬臂长度不宜超过安装高度的1/4，并限制在2m。我国规定不超过安装高度的1/4。

（4）仰角。增加仰角可以增加对路面的横向照射范围，但效果一般不理想，路面亮度增加得不多。仰角过大，弯道上的眩光可能增加。我国规定仰角不宜超过15°，CIE（1977）规定限制仰角在5°以内。

灯具的安装高度与间距应满足表11-1的要求。

灯具配光类型、布灯方式与安装高度、安装间距的关系 表11-1

配光种类	截光型		半截光型		非截光型	
布灯方式	安装高度 H	间距 S	安装高度 H	间距 S	安装高度 H	间距 S
单侧布灯	$H \geqslant W_{eff}$	$S \leqslant 3H$	$H \geqslant 1.2W_{eff}$	$S \leqslant 3.5H$	$H \geqslant 1.4W_{eff}$	$S \leqslant 4H$
交错布灯	$H \geqslant 0.7W_{eff}$	$S \leqslant 3H$	$H \geqslant 0.8W_{eff}$	$S \leqslant 3.5H$	$H \geqslant 0.9W_{eff}$	$S \leqslant 4H$
对称布灯	$H \geqslant 0.5W_{eff}$	$S \leqslant 3H$	$H \geqslant 0.6W_{eff}$	$S \leqslant 3.5H$	$H \geqslant 0.7W_{eff}$	$S \leqslant 4H$

注：W_{eff} 为道路宽度

11.3 配电系统的安装

照明通常采用带低压断路器的照明配电箱进行配电或是使用带熔断器的转换开关的照明配电箱。

（1）XM-4型照明配电箱适应于交流380V及以下的三相四线制系统中，用作非频繁操作的照明配电，具有过载和短路保护功能。

（2）XxRM23系列配电箱，对380/220V、50Hz电压等级的照明及小型电力电路进行控制和保护，具有过载和短路保护的功能。XxRM23系列配电箱分为明挂式和嵌入式两种，箱内主要装有自动开关、交流接触器、插式熔断器、母线、接线端子等。箱体由薄钢板制成，箱体上、下

壁分布每个落孔，便于进出引线。

配电箱的安装高度，无分路开关的照明配电箱，底边距地面应不小于1.8m；带分路开关的配电箱，底边距地面一般为1.2 m。导线引出板面均应套绝缘管。配电箱的垂直度偏差应不大于1.5/1000；暗装配电箱的板面四周边缘，应贴紧墙面。配电箱上各回路应有标牌，用以标明回路的名称和用途。

11.4 电气设备的安全设计

11.4.1 安全设计的基本要求

电气设备的设计必须保证设备及其组成部分都是安全的。并且应保证在按规定安装和使用时不得发生任何危险，这是安全设计的最基本要求，在设备的安全设计中会出现安全技术和经济利益之间的矛盾，此时应优先考虑安全技术上的要求，并按以下顺序采取安全技术措施。

（1）直接安全技术措施，即在结构等方面采取安全措施，将设备设计得无任何危险和隐患。

（2）间接安全技术措施，即如果不可能或不完全可能实现直接安全技术措施时，所采取的特殊安全技术措施。这种措施只具有改进和保证安全使用设备的目的而不具有其他功能。

（3）提示性安全技术措施，若上述两种措施都达不到，或不能完全充分达到安全目的，可以采取说明书、标记、符号等形式简练地说明在何种条件下采取什么措施，才能安全地使用设备。

电气设备的设计必须考虑它应用在道路的环境条件，规定在许可的道路或桥梁环境条件下使用。还应该考虑的其他一些因素或条件有：操作使用人员的素质，人机工程的要求，产品在环境中的影响等。

11.4.2 安全设计的一般规则

电气设备的安全设计并非仅涉及电气安全，而是应当全面处理各个方面的安全问题。应当保证按规定使用时不会发生任何危险；应当保证设备在正常使用条件下能承受可能出现的物理和化学作用，对预计可能出现的有害影响要采取适当的安全措施。

为了达到上述目的，在安全设计时应当遵守下列规则：

(1) 电能防护，电能可能以直接和间接两种形式造成危险，应采取相应的防护措施。触电伤亡是直接作用的结果。设备在运行过程中，电能可能转换成其他能量形式造成危害称为间接作用，例如各种电磁场、射线、有损于健康的气体、蒸汽、噪声、振动、热和其他各种机械作用，应当限制在无害的范围内；对包括由于过载和短路在设备内部或周围造成的温度变化，则应保证不对设备性能及周围环境造成有损于安全的影响。

标志和标牌是保证设备安全安装、操作和维护的安全措施之一。因此，设备上必须具有能保持长久、容易辨认而且清晰的标志和标牌，这些标志或标牌应给出安全使用所发布的主要特征，例如额定参数、接线方法、接地标记、危险标记、可能有的特殊操作类型和运行条件的说明等。

(2) 开关、控制装置的设计，电能的接通，分断和控制，必须保证可靠和安全。复杂的安全技术系统要装设监控装置，在可能发生危险的区域内，工作人员不能快速地操作开关以终止可能造成的危险的情况下，设备应装设紧急开关。为防止误启动，控制系统应装设连锁组件，保证按要求的顺序启动设备。或者装设可以拔出的开关钥匙。

(3) 材料选择。照明设备选用的材料应能承受按规定条件使用时可能出现的物理和化学作用，材料不能对人体造成危害。材料应有足够的耐老化、抗腐蚀的能力。设备必须具有良好的电气绝缘，以防止电能直接作用于人体造成的危险，并保证设备安全可靠的运行。

(4) 设备的结构设计，广场设备的结构设计应根据设备的使用条件确定设备外壳的防异物、防触电、防水、防爆的等级，以保证安全。设备的外形结构应便于移动和搬运。需要经常更换的部件应配置在易于更换处。部件和元器件的分布应便于装配、安装、操作、测试、检查、维修。设备的表面不能过于粗糙，不得有尖角和锐棱。

(5) 电气设备的安全设计，应当考虑人体工程学的安全要求，例如应该有足够的操作空间，使工作人员感到操作方便而不存在安全方面的威胁。并有足够的安全距离，使工作人员操作维修都很方便。

第 12 章 照明控制与节能

12.1 照明控制的意义

在现代城市道路环境中，对照明的质量要求越来越高，应符合其功能性作用和装饰性作用，使人们在最适宜的视觉条件下轻松愉快地得到美的享受。灯光控制的意义，就是根据人们对环境灯光的不同要求，对灯光照度（电光源和发光强度）进行控制，以保证具有良好的光照条件，同时又能最大限度地节约照明用电。电子式照明开关的出现，智能化照明控制系统的应用，实现了灯光的最佳使用功能和趋于完美的效果。

12.2 灯光控制

在环境灯光工程设计中，对灯光的控制和调节，主要体现为两个方面：一是亮度（光强），二是色彩。为使灯光的变幻、色彩、亮度以及音乐的旋律节奏相协调，要采用较复杂的自动控制装置。常用的控制方式有以下几种：

（1）跷板开关控制方式。以跷板开关控制一套或几套灯具的控制方式，是采用得最多的一种控制方式，这种控制方式线路繁琐，损耗大，很难实现舒适照明。

（2）断路器控制方式。以断路器控制一组灯具的控制方式，控制简单，投资小，线路简单。但由于控制的灯具较多，造成大量灯具同时开关，在节能方面效果很差，又很难满足特定环境下的照明要求，因此在智能建筑中应尽可能避免使用。

（3）定时控制方式。以定时控制灯具的控制方式，是利用 BAS 的接口，通过控制中心来实现的。但该方式太机械，遇到天气变化或临时更改作息时间，就比较难以适应，一定要通过改变设定值才能实现，显得非常麻烦。

（4）智能控制器控制方式。这是近年来刚从国外引进的一种控制方式。

12.2.1 常用灯光控制器

（1）KC 程序效果器

该调光器可以让灯光按照预先编排的程序变化。如"流水管"（螺旋管形彩灯）灯光按顺序变化，使人们感受到沉浸在流水中。

（2）KDL-10016 调光台

该调光台吸收国内外多种歌舞厅控制设备的优点，将轻触点控、自锁、清除、集控、多种过程控制、声控等多种功能集于一身；控制面板上各种开关、旋钮、按键排列紧凑，方便操作；由于采用了大规模集成电路和大功率光合可控硅触发技术，整机线路简单可靠，故障率不高。

整机由控制台及电源箱两部分组成，两部分之间由 26 支排线连接，安装时需要把排线插头插牢。外接 16 路灯光，每路标称负荷 1000W，最大为 2000W，单相或三相供电。

此外，还有 HPL-10032 分体式控制台，控制路数比 KDL-10016 多一倍。

（3）KTC-4800 四路过程控制器

该装置可使灯光随着声音的强度而变化，灯光随着声音强弱变化而把气氛推向高潮。

该装置采用可控硅集成电路组装，具有灯光强弱控制，声控、集控等控制能力，适用于控制边界灯。

整机对接四路，每路标称负载 1000W，有的可达 2000W，分单相、三相供电。具有 12 路触摸操作灯光控制器。设备分为分体式控制器，最大优点是控制板为触摸式，可随意调节，控制灯光变化，其他功能均与 HDL-10016 相似。

（4）彩灯数控装置

彩灯数控装置是用于音乐声响控制变化的数控灯光装置。它是由脉冲发光器，十进制计数/分配器驱动电器，无触点开关和若干彩灯组成。彩灯数控装置的驱动信号为音响输出的音频信号。数控灯光控制器。

(5) MCL-A 微机控制系统

MCL-A 微机控制系统是以 Intel-8080 为 CPU 的电脑系统对灯光的空间位置、亮度等级和变化序列的三维数据进行实时处理，从而实现对复杂灯光的最有效控制。

MCL-A 系统的硬件由微机、接口电路以及文字数据显示三大部分组成。微机部分由主机板、存贮器板、显示控制板组成，以 Intel-8080、8224、8228 组成 CPU 模板，具有 8 位数据总线和 16 位地址总线，用 25 只按键的标准键盘作人机对话的输入。在监控程序管理下工作，用盒式磁带作外存，保存有用的信息。8 只 LED 数码管作键盘输入和工作状态的显示。此外还设置有中断发生电路，便于用户调试程序和外中断。存贮器有 9K RAM 和 5K ROM，RAM 除一些工作单元外，主要用于贮存灯光信息。从微机到模拟量转换及 TV 部分的信息信道，由总线隔离逻辑给予功率驱动。

MCL-A 微机控制系统完成调光控制的各种功能，都是通过执行调光程序来实现的。从其控制的特点来看，该系统实际上是一台进行三维数据处理并实现控制的微电脑系统。该系统的程序是用 8080 汇编语言编写的，在 MDS-230 开发系统上汇编、定位和产生目标代码，经调试后固化在 EPROM 中，供用户使用。程序可分三部分，包括监控程序、诊断程序和调光应用程序等。

监控程序是使该系统不用调光时，保留通用微机计算机的一些性能，例如能对指定的内存单元读出或写入，调试方式程序等。诊断程序是用来诊断计算机系统的存贮器部分，检查固化的程序和随机存贮器的硬件是否完好，如有损坏，便能自动显示出错误标志和地址，方便维修。软件系统的主要部分是调光应用程序，它具有较强的灯光控制能力。调光应用程序由主程序、指令键处理程序和若干子程序组成。

该系统操作简便，除了对舞台灯光实现控制外，它还能实现对布景、水幕等其他方面的控制，也适用于体育场、广场的灯光控制。

12.2.2 智能照明的控制系统

在智能照明的控制方面，目前我国采用的 Dynalite 照明控制的智能化灯光设计一般都由境外灯光设计师完成，然后再由调光系统工程师进行控制的配置设计。由于灯光设计师对装潢和控制系统比较了解，因而整个灯光和控制设计前后衔接比较协调。在与国际接轨的今天，对推广应用智能灯光控制有着十分重要的影响。这里着重介绍 Dynalite 智能照明控制系统的结构工作原理以及照明控制的应用设计。

1. 智能照明控制系统的特点

(1) 适应场合广泛

Dynalite 智能照明控制系统的"模块化结构"和分布式控制是有别于目前国际上所有照明控制系统的最大特点。它使利用多种易于安装的"标准模块"以实现设计师的任意照明构想成为可能。其低价、灵活的"功能模块"既可独立使用，也可将"功能模块"利用网络控制软件像积木一样组成大型分布式照明控制网络。因此，无论大小不同场合，室内、室外都可应用。

(2) 可观的节能效果

Dynalite 使用了最先进的电力电子技术，能对大多数灯光（包括白炽灯、卤钨灯、日光灯、霓虹灯、灯带、配以特殊镇流器的金卤灯和其他绝大多数光源）进行调光。智能利用自然光照，以及自动实现合理的能源管理等功能。可以节电 20%~50% 以上，对于减轻供电压力，降低用户运行费用，实现照明管理智能化，推动具有景观照明效果的城市建设，都具有极大的经济意义。

(3) 延长灯具寿命

灯具损坏的致命原因是电网多过电压，Dynalite 系统对电网冲击电压和浪涌电压的成功抑制和补偿以及软启动和软关断技术的引入使灯具寿命延长 2~4 倍，对于昂贵灯具以及难安装区域的灯具有其特殊的意义。

(4) 安装简便，操作直观

电气工程师无需专门训练就能设计大型照明系统，安装时只须将"调光模块"装入配电柜，取代原有空气开关，将操作直观的可编程灯光场景切换控制面板取代原有手动开关，两者之间可用价格低廉的两对数据线实行低压控制连接，改变了原有手动开关需接入强电线路的传统设计方法，既安全又能简化布线工程。因此，该系统对正在设计中的广场和已经使用了的广场安装都十分简便，且系统可在任何时候进行扩充，不必进行重新配置或重新布置所有的线，只需将增加的模块用数据接入原有网络系统就可以了。

（5）可靠性高

系统采用了"分布式控制"的概念、既便于照明系统的中央监控，又避免了"中央集中式照明控制系统"可靠性差的致命弱点。由于采用预置信息"独立存贮"，当系统中某个模块出现故障，只是与该模块相关的功能失效，而不影响网络模块正常运行，从维护的观点看来，这种"独立存贮"的概念，既有利于快速故障定位，又提高了大型照明控制系统的"容错"水平。同时，由于采用高性能的开关器件，周密的电路保护措施使该系统即使在最恶劣的环境下都具有极高的可靠性。

（6）系统兼容性好

完美的Dynalite智能照明控制系统几乎能控制各种负载，不仅能控制照明设备，还能与大楼自动系统(BAS)很好兼容。由于能拖动电机，还可能与其他自动化设备（如音像、空调等）连接。并能有效地在花费不多的情况下就能控制安全灯以及应急灯照明系统。

2．智能照明控制系统基本结构

Dynalite智能照明控制系统，通常要以由调光模块、控制面板、液晶显示触模屏、智能传感器、编程插口、时钟管理器、手持式编程器和PC监控机等部件组成,将上述各种具备独立功能的模块用一条两股双绞数据通讯总线(BR485)将它们连接起来组成一个Dynalite控制网络典型系统。

调光模块是控制系统中的主要部件，它用于对灯具进行调光或开关控制，能记忆96年预设置灯光场景，不因停电而被破坏，调光模块按型号不同其输入电源有三相，也有单相，输出回路电流有2A、5A、10A、16A、20A，输出回路数也有1、2、4、6、12等不同组合供用户选用。

场景切换控制面板是最简单的人机界面，Dynalite系统除了一般场景调用面板外还提供各种功能组合的面板供用户选用。以适应各种场合的控制要求。如可编程场景切换、区域链接和通过编程实现时序控制的面板等。

智能传感器有三个功能：动静探测，用于照度动态检测；用于日照自动补偿；和适用于遥控的远红外遥控接收功能。

时钟管理器用于提供一周内各种复杂的照明控制事件和任务的动作定时，它可通过按键设置，改变各种控制参数，一台时钟可管理255个区域（每个区域255个回路、96个场景），总共可控制250个事件16个任务。

液晶显示触摸屏，80M×100M的液晶显示屏采用160×128点阵，可图文同时显示，2MB的存贮体可存储250幅画面图像及相关信息，可根据用户需要产生模拟各种控制要求和调光区域灯位亮暗的图像，用以在屏幕上实现形象直观的多功能面板控制。这种面板既可用于就地控制，也用作多个调光区域的总控。

手持式编程器，管理人员只要将手持编程插头插入程序插口即能与Dynalite网络连接，便可对任何一个调光区域为换场景进行预置。

对于大型照明控制网络，当用户需要系统监控时，可配置PC机通过接口接入Dynalite网络，便可在中央监控室以实现对整个照明系统的管理。

Dynalite智能照明控制系统是一种事件驱动型网络系统。所有连接在网上的每个部件内部都会有微机控制器，每个部件都赋有一个地址，它在网上仅"收听"或向网上"广播"信息，当它响应了网上的信息并经处理后再将自己的信息广播到网上，以事件驱动方式实现系统的各种控制功能。

Dynalite分布式照明控制网络的规模可灵活地随照明系统的大小而改变，Dynalite网络最大可连接4096个模块。信息在子网的传输速率为96000波特，主干网的传输速率则可根据网络的大小调节，最大可达57600波特，由于Dynalite网络能通过对网桥编程的设置有效地控制各子网和主干网之间信息流通、信号整形、信号增强和调节传输速率，大大提高了大型照明控制网络工作的可靠性。

12.3 控制系统应用设计

作为完整的应用设计应该包括灯光和控制设计两个方面，具体可分为五个步骤：

（1）光空间设计。光的功能是多方面的，它能揭示空间，限定改变空间，控制光的角度和范围，可建立空间的构图和秩序，改变空间比例，增加空间层次，强调趣味中心和明确空间导向作用，不同的空间环境应采用适应的照明方式和照明控制手段，可以产生不同的艺术效果。

(2) 灯型选定和灯具的布局定位。

(3) 绘制照明平面图。

(4) 控制功能确定。

(5) 控制系统配置设计。

12.4 节能措施

所谓节电,就是节省电能。要使照明装置节电,一方面要节约电能消耗,另一方面要减少电能浪费。要做到这一点,首先必须从节能的角度了解照明设备的性能,其次是采取具体的节能措施,这些节能措施可以归纳为照度合适,布置合理,采用高效率光源和灯具,采用低损耗的镇流器,有效的配电配线和控制方案,如采用灯光自动控制装置和采用智能控制系统等。

照明节能应以不降低照明效益为原则。随意削减照明,降低照明质量,造成效率下降和放弃必要的装饰效果等,都是得不偿失的错误做法。建议采取以下措施节约照明用电:

(1) 采用混光照明节能

光效高、光色好、显色性好、寿命长的灯泡很难制造出来,但使用混光照明便可同时达到这些目的。

(2) 采用高保持率灯具

所谓高保持率灯具就是在运行期间光通降低较少的灯具,包括光通衰减和灯具氧化、污染引起的反射率下降都比较少的灯具。

① 光能衰减率,在寿命期间内,高压钠灯的光通衰减最少,寿终时衰减约17%;金属卤化物灯衰减量最大,寿终时约衰减30%;高压荧光汞灯寿终时衰减20%。

② 二氧化硅涂层,铝反射罩表面通常要进行阳极氧化,以防止灯具老化。高保持率的灯具在灯罩反射器表面涂一层二氧化硅,涂装后耐酸碱性能好,耐热冲击性能提高,抗弯强度增强,表面平滑度提高,不易集灰尘,易于用水冲洗,不易被氟酸以外的其他酸碱腐蚀,能在腐蚀作业环境下长时间使用。

③ 采用效率高的光源和附件,但其他方面的性能要求必须符合照明装置的质量要求,例如灯光的色表、显色性、亮度、光通量、流明的衰减、寿命,适用的灯具类型,启动和运行特性,调光的可能性等等。

④ 选择利用系数高的灯具,但其他方面的性能要求必须符合照明装置的质量要求,包括光强分布的适用性,眩光限制,灯具材料的老化和污染,换灯和清洁灯具是否方便,环境防护等级,外观等。

⑤ 加强照明管理,首先要控制照明负荷,也就是在保证照度标准的前提下对照明的单位容量(W/m^2)规定一个限度,这是一项强制性的政策措施。其次是加强照明设备的维护,采取最佳维护周期,制定严格的维护制度。

在道路照明中同时还可以采取一些节能的具体措施:

(1) 街道或厂区道路照明宜采用高压钠灯代替荧光高压汞灯,住宅园区路灯可选用小功率(35W、50W、70W)高压钠灯,不应使用白炽灯。

(2) 在腐蚀性不严重的地区,道路照明灯具宜选用开启式。一般应采用半截光型分布的灯具,不应使用利用系数很低的灯具。

(3) 使用微机控制、定时控制或光电控制开闭路灯以便节能。

(4) 节能灯控制,如将两排路灯中的一排关掉,一排路灯时可隔灯点燃,使用组合灯中的一部分等等。

12.5 推行绿色照明工程

绿色照明工程的总目标是节约用电,保护环境,逐步建立起节电照明器具的市场推广体系,使照明节电纳入正常的市场运行轨道,大力提高节电照明器具的产品质量标准和认证体系。

（1）绿色照明工程不仅仅是为了节能和提高经济效益，更主要是着眼于资源的利用和环境保护，对发展经济和保护环境都有深远意义。

（2）绿色照明工程的照明节能，不是传统意义上的节能，而是满足照明质量视觉环境条件的更高要求，因此不能靠降低照明标准来实现节能，而是充分运用现代科技手段提高照明工程设计水平的方法，提高照明器材产品的效率来实现。

（3）绿色照明工程的高效照明器材是照明节能的重要基础，光源是主要因素，灯具和附件（如镇流器）的影响不容忽视。

（4）实施绿色照明工程，必须重视推广应用高效光源。但是不能简单地认为推广高效光源就是采用节能灯（专指紧凑型荧光灯），这是很不全面的。因为电光源种类很多，有许多种高效电光源值得推广应用。就能量转换效率而言，有和紧凑型荧光灯光效相当的直管荧光灯，还有比其光效更高的高压钠灯和金属卤化物灯等，各有适用场所，应结合这些高效光源的特性合理选用。

（5）光源的节能主要取决于它的发光效率。但光源的选用不能单纯从光效出发，而应根据它的性能综合考虑，合理运用。这些性能主要是显色指数、使用寿命、启动特性、调光性能等。例如，低压钠灯的光效远远高于其他光源，但是它的显色指数太低，以致在许多场所不能使用，至今仅在道路照明中使用。因此，可以认为，所有的高效光源都各有其特点，各有其适用场所，决不能简单地用一类节能光源来代替。

12.6 环境保护

12.6.1 防止光污染

光污染会给人带来不适，甚至影响身心健康，因此，对广场环境各个区域的照度有一定的要求，同时也应该有限制光污染的措施。

（1）限制眩光。当人们观察高亮度物体时，眩光会使视力逐渐降低。为了限制眩光，可适当降低光源和灯具表面亮度，如对有的光源，可用漫射玻璃或格栅等限制眩光，格栅保护角为 $30°\sim45°$。

一般直接眩光的限制应从光源亮度、光源的表观面积大小、背景亮度以及照明灯具的安装位置等因素来考虑。

（2）限制激光。激光一般不应射向人体，尤其是眼部，直接照射或经反射后间接射向人体时，其限制条件为波长限制范围为 $380\sim780$nm 之间，最大容许辐照量为 1.4×10^{-6}W/cm²。

（3）限制紫外线，①波长限制范围 $320\sim380$nm 之间。②最大容许辐照量为 8.7×10^{-6}W/cm²。

（4）限制频闪，频闪灯具不宜长时间连续使用，频闪频率为 <6Hz。

12.6.2 抑制噪声

噪声是指不同频率和不同强度的声音无规律地组合在一起所形成的声音。这种杂乱无章的声音令人烦躁不安，它不仅影响人们的生活和工作，而且干扰人们对其他信号的感觉和鉴别。关于噪声的允许值，以"不妨碍实际应用"为原则。

12.6.3 防止腐蚀

由于城市生活的扩大化，以及广场建设对以往的自然环境又增加了很多特殊情况。因此，维护各种灯光照明的设备的安全性是很重要的，而最重要的是根据特定广场的特定环境选择合适的灯具和装置设备，并且采取相应的保护措施。

第六篇 城市道路桥梁照明实例

第13章 城市道路桥梁照明景观集锦

图13-1 庭院道路照明

图13-2 中心对称布灯

图13-3 双侧对称布灯

道路照明

图 13-4 天安门前道路照明

图 13-5 长安街跨街灯饰

图 13-6 立交桥照明效果

图 13-7 立交隔层景观灯

城市道路桥梁照明实例

图 13-8 人行道

图 13-9 桥头入口照明

图 13-10 网带灯装饰效果

城市道路桥梁照明景观集锦

图13-11 北京广安门立交桥

图13-12 北京西直门立交

图13-13 蔚为壮观的道路照明

图 13-14 立交隔层景观

图 13-15 华灯装饰的道路效果

图 13-16 星光大道

图13-17 豁然通达的道路照明

图13-18 人行步道照明

图13-19 北京西单中银大厦

图13-20 北京中国教育台立交桥

图13-21 北京中华广场

图13-22 北京王府井大街

城市道路桥梁照明景观集锦

图 13-23　北京金融街

图 13-24　北京东长安街

图 13-25　北京长安街一景

图 13-26　北京长安街

图 13-27 浦江南岸

图 13-29 烟台南大街

图 13-28 庭院灯在道路中的照明效果

图 13-30 道路护栏照明

图 13-31　深圳深南大道灯光景观

图 13-32　深圳深南大道灯光景观

图 13-33　深圳深南大道灯光景观

图 13-34　上海黄埔江畔道路照明

图 13-35　上海黄埔江畔道路照明

图 13-36　美国拉斯韦加斯道路景观

图 13-37　巴士站照明

图 13-38　珠海道路照明

图 13-39　北京西长安街

图13-40　景观灯装饰的道路照明

图13-41　景观灯装饰的道路照明

图13-42　珠海九洲大道

图13-43　重庆盘山路照明

城市道路桥梁照明景观集锦

图13-44　上海人民广场道路

图13-45　巴黎香榭丽舍大道

图13-46　街头小景

图13-47　重庆道路照明

85

城市道路桥梁照明实例

图 13—49

图 13—48

图 13—50

图 13—51

图13-52 立交桥桥墩的几种表现手法

图13-54 立交桥桥墩的几种表现手法

图13-53 立交桥桥墩的几种表现手法

图13-55 立交桥桥墩的几种表现手法

图 13-56 立交桥底部的泛光

图 13-57 立交桥远视的灯光景象

图13-58 立交桥俯视的灯光效果

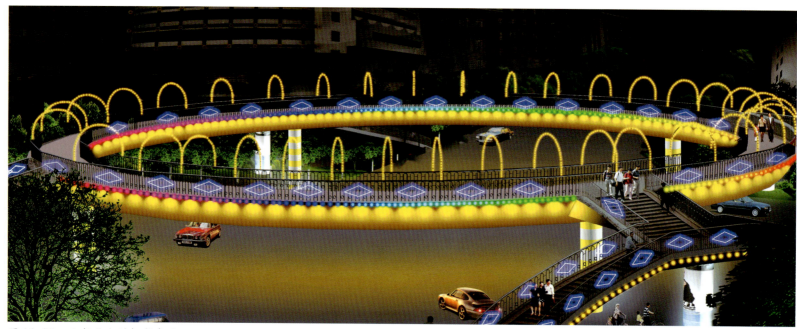

图 13-59 人行立交的灯光表现

图 13-60 立交桥隔层空间的灯光设计

图 13-61 立交桥隔层空间的灯光设计

图 13-62 立交桥照明

图 13-63 俯瞰立交桥的灯光图案

城市道路桥梁照明实例

图 13-64　立交与桥梁的壮观场面

图 13-65　广东中山市人行立交的灯光

图 13-66　道路护栏灯的线状诱导性

图 13-67 桥塔的泛光照明

图 13-68 灯光只是突出钢架造型和桥墩部位

图 13-69 以点、线结合的表现手法

图 13-70 灯光的表现使画面更美

图 13-71 "城市之光"表现出桥的色彩

图 13-72 灯光凸显出桥梁的造型魅力

图 13-73 以点光装饰桥索,以泛光表现桥塔

城市道路桥梁照明实例

图13-74 悉尼海港桥

图13-75 大红灯笼高高挂

图13-76 灯具的风景线

城市道路桥梁照明景观集锦

图 13-77　匈牙利布达佩斯的桥

图 13-78　灯光的表现使画面更像水上乐园

图 13-79　滨水一侧

图 13-80　桥体的灯光设计犹如一面竖琴

图 13-81　天堑变通途

图13-82 南京长江大桥

图13-83 舞动的音符

图 13-84 光的韵律

图 13-85 光的韵律

图 13-86 上海南浦大桥

图 13-87 线的造型

图 13-88 线的造型

图 13-89 线的造型

城市道路桥梁照明景观集锦

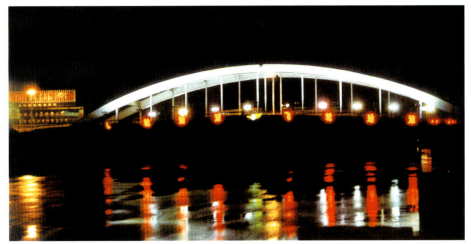

图 13-90　宁波零桥

图 13-91　宁波零桥

图 13-92　宁波零桥

105

图 13-93 水彩画

图 13-94 千帆竞秀

城市道路桥梁照明景观集锦

图 13-95 灯光倒影

图 13-97 灯光倒影

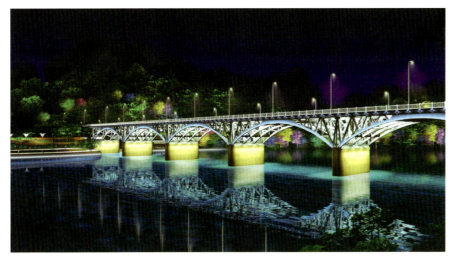

图 13-96 灯光倒影

图 13-98 灯光倒影

图 13-99　彩虹桥

城市道路桥梁照明景观集锦

图13-100 彩虹桥

城市道路桥梁照明实例

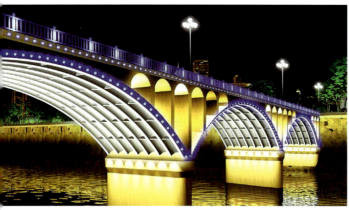
图 13-101

图 13-102

图 13-103

图 13-104

城市道路桥梁照明景观集锦

图 13-105

图 13-106

图 13-107

城市道路桥梁照明实例

图 13-109

图 13-108

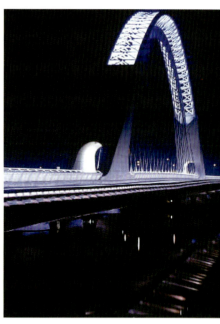

图 13-110

图 13-111 桥梁点光装饰效果

图 13-112　园林拱桥照明效果

图 13-113　园林拱桥照明效果

主要参考文献

1. 赵振民编著·实用照明工程· 天津：天津大学出版社， 2003
2. 李恭慰主编·建筑照明设计手册·北京：中国建筑工业出版社，2004
3. 周太明等编著·电气照明设计·上海：复旦大学出版社，2001
4. 肖辉乾著·城市夜景照明规划设计与实录·北京：中国建筑工业出版社，2000
5. 复旦大学电光源研究所主编·中国照明学会第二号技术文件，公路大型桥梁照明设计指南·北京，2002.3
6. 中华人民共和国行业标准：城市道路照明工程施工及验收规程·北京：中国建筑工业出版社，2001
7. 中华人民共和国行业标准：城市道路照明工程施工及验收规程·北京：人民交通出版社，2000
8. 杨士金、唐虎翔编著·景观桥梁设计·上海：同济大学出版社，2003
9. 北京市市政管理委员会编·辉煌北京之夜·北京：北京出版社，2000
10. 深圳市名家汇城市照明研究所编·21世纪城市灯光环境规划设计·北京：中国建筑工业出版社，2002

深圳市名家汇城市照明研究所

　　深圳市名家汇城市照明研究所是由深圳市科技局和深圳市民政局共同批准的专业城市照明研究机构，由一批从事高新技术研究的人才，照明业界的专家学者和优秀的设计人员组成。研究所秉承"立足城市景观艺术，传承人类照明科技"的理念，致力于中国城市灯光环境建设，目标是对城市灯光环境现状的测试、分析、评估乃至进行科学的规划和艺术的设计，同时进行光源以及灯具的研究开发。深圳市名家汇城市照明研究所注重技术创新与开拓，与美商MINKAVE集团和国内一些著名研究机构保持着稳固而密切的联系。以"科技为社会和经济发展服务"为宗旨，走"产学研一体化"发展道路，将国外的先进技术和理念用于中国的现代化建设。由此而产生了新的创作自由、新的造型意识、新的空间掌握思想、新的视觉要求和新的整体规划观念……它的发展代表了中国城市照明发展的趋势。

　　名家汇城市照明研究所已为海内外完成大中型项目数百项，项目遍及欧美以及国内包括香港在内的二十多个省、市、自治区和特区。业务范围涵括城市整体和区域景观、城市广场、城市道路桥梁、城市商业街区、城市社区环境、旅游风景区、历史自然保护区、建筑室内等的照明规划和设计。在高科技、新技术的项目研究中，结合当前最先进的照明发光技术，开发出了一系列的高科技专利产品，如"数控变色发光管组"，"数控变色换画面并有变色背光源广告箱"等。这两项成果都已获得国家专利局颁发的专利证书。同时主编了《21世纪城市灯光环境规划设计》以及系列丛书。目前正在着手组建中国城市照明网。为了弘扬科技、交流信息、促进我国照明业的发展，名家汇城市照明研究所还创办了《城市之光》杂志。

　　物竞天择，深圳市名家汇城市照明研究所将推陈出新，不断地为中国城市照明事业发光发热。

图书在版编目(CIP)数据

城市道路桥梁灯光环境设计／程宗玉编著. －北京：
中国建筑工业出版社，2005
（21世纪城市灯光环境规划设计丛书）
ISBN 7-112-07904-7

Ⅰ.城... Ⅱ.程... Ⅲ.①城市道路—照明设计
②城市桥—照明设计　Ⅳ.TU113.6

中国版本图书馆CIP数据核字（2005）第122305号

责任编辑：李晓陶　马　彦
责任设计：赵　力
责任校对：关　健　王金珠

21世纪城市灯光环境规划设计丛书
城市道路桥梁灯光环境设计
程宗玉　编著
*
中国建筑工业出版社出版、发行（北京西郊百万庄）
新华书店经销
制版：北京方舟正佳图文设计有限公司
印刷：北京方嘉彩色印刷有限责任公司
*
开本：787×1092毫米　1/12
印张：10$\frac{1}{3}$　字数：300千字
版次：2005年12月第一版
印次：2005年12月第一次印刷
印数：1—2500册
定价：**98.00**元
ISBN 7-112-07904-7
　　（13858）

版权所有　翻印必究
如有印装质量问题，可寄本社退换
（邮政编码100037）
本社网址：http://www.cabp.com.cn
网上书店：http://www.china-building.com.cn